中国粮食调研

Cereals Research in China

钟　钰　陈萌山　等　著

中国农业科学院"中国粮食发展研究"课题组　组编

中国农业科学技术出版社

图书在版编目(CIP)数据

中国粮食调研 / 钟钰等著；中国农业科学院"中国粮食发展研究"课题组组编. —北京：中国农业科学技术出版社，2022.9

ISBN 978-7-5116-5873-9

Ⅰ.①中… Ⅱ.①钟… ②中… Ⅲ.①粮食问题-调查报告-中国　Ⅳ.①F326.11

中国版本图书馆 CIP 数据核字(2022)第 154145 号

责任编辑	周　朋
责任校对	李向荣
责任印制	姜义伟　王思文

出 版 者	中国农业科学技术出版社
	北京市中关村南大街 12 号　邮编：100081
电　　话	(010) 82106631 (编辑室)　(010) 82109702 (发行部)
	(010) 82109709 (读者服务部)
网　　址	http://www.castp.cn
经 销 者	各地新华书店
印 刷 者	北京建宏印刷有限公司
开　　本	170 mm×240 mm　1/16
印　　张	17.75　彩插　4 面
字　　数	231 千字
版　　次	2022 年 9 月第 1 版　2022 年 9 月第 1 次印刷
定　　价	88.00 元

◁◆◁ 版权所有·翻印必究 ▷◆▷

序

中国农业科学院"中国粮食发展研究"课题组牢记习近平总书记指示精神,心系国之大者,深耕粮食研究。四年来,他们贴近农村基层,躬身田野实地,踏访产粮大县,与基层政府和有关主管部门、新型农业合作组织、种粮大户座谈,广泛听取意见,建立调查基点,收集数据资料,开展系统研究,充分展现了粮食安全科研"国家队"的担当和使命。

课题组基于对中国粮食生产资源的梳理,从国内到国际粮食形势的洞察,从粮食生产到流通、加工、消费全链条的写实,从战略到路径的整合,从理论到实践的提炼,用战略、全局、实践和系统的思维,将粮食安全置于国民经济发展全局和全球粮食安全的视野,用独特的研究视角和风格,对中国粮食安全进行系统深入的实践调研和理性思考。书中所呈现的理论观点和政策主张,颇具建设性和创新性,对支撑国家粮食安全决策、促进粮食产业发展和企业改革创新具有重要参考价值。

我相信，课题组未来的研究工作将更加深入，不断地丰富和发展我国的粮食安全理论，为构建高质量、可持续的国家粮食安全保障体系继续贡献智慧和力量。

中国农业科学院院长、中国工程院院士 吴孔明

2022 年 6 月

前　言

民为国基，谷为民命。习近平总书记就粮食安全问题，多次作出重要指示。秉持总书记的谆谆教诲，2018—2021年，我们前往黑吉辽豫皖赣等主产区、云贵陕甘等平衡区和闽粤等主销区，累计调研10次，全方位、多角度、立体式地研究中国粮食问题，形成了系统的粮食发展典型案例、基础材料和研究报告。在调研过程中，我们创新了调研方式与调研方法。

采取不听汇报、不要求领导陪同、不提供汇报材料的"三不"调研。坚持白天调查问听看，晚上例会思悟论，行车途中整梳纳，充分消化吸收来自基层和实践的第一手材料，通过进一步询问沟通形成一个个完整鲜活的典型案例。我们面对面、心贴心、实打实，到田间地头、到集市企业、到农户家中访谈座谈，与600多位来自一线的粮食生产经营主体建立了直接的联系。我们在12个粮食大省的近100个村设立了调查基点，每年跟踪收集1 000多个种粮农户的生产微观数据，与统计资料中缺少的数据互为补充。

主产区、平衡区、主销区同期调研。习近平总书记指出，主产区、产销平衡区和主销区要共同承担起维护国家粮食安全的责任。我们不同于以往研究大多侧重对单一省、单一区域调研，而是对主产区、平衡区、主销区实行"三区"同期调研，增强了对粮食问题的统筹考虑、联动把握。

春播、夏粮、秋收应季应时调研。我们每年以粮食播收季为参照节点，开展春耕、夏粮、秋收3~4次专题调研。春耕调研聚焦粮食种植意向、农资等要素投入；夏粮调研聚焦小麦收获和市场运行以及春播作物生产情况；秋粮调研聚焦全年粮食收获和玉米稻谷市场运行。

"国家队"和地方院所联合调研。课题组既依托中国农业科学院院内研究力量，也充分发挥地方农科院所优势，推进集成研究。与黑龙江、河南等12个粮食主产省的科研院所建立密切联系。每次粮食调研，与地方农科院共同完成调研报告，并报送中央农办、农业农村部和省政府。

千淘万漉虽辛苦，吹尽狂沙始到金。课题组一些调研成果获得习近平总书记肯定，获得总理批示3个、副总理批示2个，由农业农村部和中央农办编发内参报送中央政治局领导参阅的共5个，农业农村部和各省领导批示的20余次，并推动国家粮食重大政策完善。特别是向中央提出以2020年粮食生产为基数、面积只增不减、分省监测，把粮食产量纳入经济社会发展中长期规划，均已得到采纳。课题组成员先后受邀到全国政协、中央政策研究室、中央农办、国家发展改革委、司法部、国家粮食和物资储备局等部门参加粮食方面的专家座谈会，在CCTV、人民网、新华网、光明网、经济日报等中央级媒体发表文章或接受采访30余次。

研究国家粮食安全战略，全面体现了习近平总书记给中国农业科学院提出"三个面向、两个一流"的要求，是农业科研国家队必须主动入位的"国家人"干的"国家事"。同时，粮食安全研究是一项系统性工程，涉及经济、政策、环境、资源等多领域，要有效开展粮食安全研究必须通过团队协作发力，与创新工程的理念是一致的。面对新时期、新要求，我们将进一步增强使命感、责任感和主动性，按照部院的部署和要求，开展"全景式"调研与基点农户数据分析相结合，构建常态化、规范化、可持续的粮食安全研究机制，不断壮大中国农业科学院粮食安全战略研究队伍，使粮食政策与理论研究达到国内一流水平，为完善中国粮食产业政策、实施乡村振兴战略、加快农业农村现代化步伐、向第二个百年奋斗目标迈进作出新的更大贡献。

我们把这几年的研究成果结集出版，与业内同行分享，供大家批评指正。

十三届全国政协委员
中国农业科学院研究员
2022年6月

目　录

上篇　调研报告

稻谷托市价格下调需重视新变化和新问题
　　——基于湘赣两省四县（市）的调研 ………………… 3
谨防粮食生产不利因素叠加
　　——基于黑吉两省四县（市、场）的调研 …………… 10
当前粮食生产喜忧思
　　——基于豫鄂两省五县（市）的调研 ………………… 21
粮食"不愁吃"的保障机制存在明显短板
　　——基于云贵两省六县（市）的调研 ………………… 38
经济发达主销区也要保持粮食基本自给水平
　　——基于闽粤两省五县（区、市）的调研 …………… 55
我国粮食稳定发展的机制正在加快形成
　　——基于豫皖赣三省六县（市）的调研 ……………… 69
"十四五"元年粮食开局良好
　　——基于冀鲁两省四县（区）的调研 ………………… 86
我国粮食产销平衡省区如何稳定实现产销平衡
　　——基于甘陕两省四县的调研 ………………………… 96

把东北建成国家更高水平的粮食产业基地
　　——基于黑辽两省五县（市、场）的调研 ………… 112
写在我国粮食"十七连丰"之后 ………… 127
对 2019 年粮食生产发展有关政策建议 ………… 136

下篇　研究报告

全球疫情蔓延对粮食安全冲击及应对策略 ………… 147
二战以来美国对其他国家的粮食禁运及启示 ………… 162
面向 2035 年我国粮食增产能力的战略研判 ………… 173
从战略上防止玉米成为第二个大豆的研究 ………… 203
国家要给平衡区主销区粮食自给划定底线 ………… 216
关于近期粮食进口的思考与未来建议 ………… 227
在牢牢端稳上持续发力
　　——解读 2022 年中央一号文件"全力抓好粮食生产和
　　重要农产品供给" ………… 250
一个小举措能撬动产地粮食加工业大发展 ………… 257
俄乌冲突对世界粮食安全的影响及对策 ………… 262

中国农业科学院"中国粮食发展研究"课题组简介 ………… 272

上篇 调研报告

稻谷托市价格下调需重视新变化和新问题

——基于湘赣两省四县（市）的调研

【摘要】 通过湘赣两省四县（市）的调研发现，2018年早稻面积下降、单产略有上升、品质好于常年；优质稻种植面积扩大、轻简化技术加速引用；早稻多渠道收购比往年活跃。突出的问题是，稻谷去库存规模大、频次高、时间集中在早稻收割季，对市场粮价冲击严重，种粮农民特别是种粮大户反应强烈。2018年种粮农民收益下降幅度较大，不少大户反映盈亏难以平衡。笔者认为要深化最低收购价政策研究、"松绑"粮食收购多主体经营和加快粮食轻简化技术推广。

在南方早稻收获、晚稻插秧之季，为了深入了解稻谷最低收购价下调对粮食生产带来的影响，以及稻谷轮库、去库存等问题，中国农业科学院"中国粮食发展研究"课题组于2018年7月16—20日赴湘赣两省四县（市）实地调研，考察了11家稻谷加工企业、水稻合作社、种粮大户和中储粮直属库（分库）等，同时与县（市）领导，以及农业、粮食（商务）、财政等部门负责人和企业负责人、合作社领办人、种粮大户等近百人先后共召开5次座谈会，广泛听取意见。

一、当前水稻生产经营情况

2018年水稻最低收购价政策有了较大调整，水稻价格下调多于小麦（0.03元），粳稻下调价格（0.2元）高于籼稻（0.1元）。总体上看，2018年的水稻生产经营形势有喜有忧、喜大于忧，突出表现在以下几个方面。

水稻生产有减有增。"减"主要体现在品质口感较差的早稻面积调减。根据当地农业和粮食部门统计，与2017年相比，湘阴县减少1万亩[①]（-0.8%），醴陵市减少2.82万亩（-5.6%），高安市减少2.8万亩（-4.5%），南昌县减少5.29万亩（-6.2%）。"增"体现在稻谷单产增加，与2017年相比，高安市增加3斤（+0.3%），南昌县增加6斤[②]（+0.7%）。总体看，种植面积减幅高于单产增幅，稻谷总产减少态势基本确定。这一情况与下调国家稻谷最低收购价、改变粮食直补方式、推行休耕轮作模式等密切相关。但种植结构小幅优化，与国家调减稻谷产量、促进种植结构转型的走向基本相符。

种植模式双季改单季。2018年大面积种植一季稻，双季改单季趋势非常明显。高安市一季晚稻面积增加近2万亩，达到8万亩，增幅在30%以上。从成本收益角度看，单季稻种植更为便利、投入小、品质优良、市场认可度高。"双改单"会减少区域内粮食总产量，尤其在劳动力不足、农业投入品上涨、农业收入占比下降的背景下，未来几年"双改单"趋势会进一步增强。

[①] 1亩≈667米²。全书同。
[②] 1斤=500克。全书同。

技术应用呈轻简化。 越来越多的种粮大户倾向直播及抛秧、机插等轻简化技术，工厂化育秧作用日渐消退，集中育秧的优势已经不明显，近年来高安市申报工厂化育秧项目建成的只有4家。但采用直播技术，同一品种要推迟20天成熟，易受寒露风等恶劣天气影响。种粮大户们迫切希望增加技术供给、减少直播稻风险。同时，统防统治和绿色防控也逐渐增多，湘阴县扶持病虫害专业化服务组织22个，全年承包代治服务面积2 000万亩次，在20个村连片实施绿色防控示范3万亩，使农药使用量实现负增长，又减轻了种粮大户负担。

品种选择从常规转优质。 普通农户种植品种大多以常规稻为主，种粮大户发展优质稻和再生稻。湘阴县优质稻种植面积达96万亩，占全县水稻面积的73.8%，其中高档优质稻标准化生产基地20万亩，全部由加工企业订单生产。高安市优质稻规模也在增加，通过订单形式稳定了产销关系，当地的顺发粮油公司2017年优质稻合作种植面积为2 000亩，2018年迅速增加到10 000亩。过去以常规品种为主的种粮大户和合作社，也表示未来将以优质稻品种为主。

大户多元经营三产联营。 种粮大户和合作社普遍反映，只有搞多元经营或三产联营才能生存，从其他经营项目"反哺"水稻种植，大致有3种路径。一是开展"稻—虾""稻—鱼""稻—鸭""稻—蛙"等种养模式。以"稻—虾"为例，1亩中晚稻900斤、小龙虾300斤，净收入达3 500元。二是发展经济作物，有的采取"一季稻+经济作物"模式，如"稻—油菜""稻—烟"等；有的在部分田块改种薯类、中药材等特色作物。三是依托自身资源发展二产和三产，为周边农户提供烘干等社会化服务，每吨稻谷烘干费120元（成本60元）。

加工企业分化明显。 据当地粮食相关人士介绍，目前的稻谷加工企业有 1/3 开工、1/3 倒闭、1/3 "半死不活"。除常年"稻强米弱"影响企业经营之外，经营内容和模式差异也让企业两极分化。主营早稻业务的企业基本处于亏损状态，主营优质稻业务的企业基本不受影响，产品销路较好，产量和销量持续上涨。企业对托市价格降低的反应也有差别：部分企业希望托市价格维持上涨，以此稳定市场看涨预期；部分企业则表示欢迎 2018 年的稻谷最低收购价政策，体现优质优价，降低企业培育优质粮源的成本。

二、稻谷生产收储中的几大问题

生产成本过快上涨吞噬稻农收益。在调研中，大户提供了 2018 年生产投入数据，反映 2018 年农资、人工等要素成本上涨幅度大，如复合肥、尿素 150 元/亩，比上年增加 25 元/亩；种子 50 元/亩，比上年增加 10 元/亩；农药 50 元/亩，比上年增加 6 元/亩。雇工费用为 210 元/天，另加 2 顿饭、1 包烟、1 小瓶烧酒，合计下来超过 250 元/天（双抢期间可高达 300 元/天），比上年增加 30 元/天。最终早稻总成本达到 800 元/亩（含早稻每亩 200 元土地流转费用），比上年增加 150~200 元/亩。而早稻市场价格降低 0.1 元/斤，2018 年江西湿稻 0.80 元/斤，湖南为 0.70~0.75 元/斤。亩产最多 1 000 斤，每亩卖粮最多收入 800 元，基本没有盈利。用种粮大户的话说，国家 GDP 每年增长 7%，而我们种稻收入减少 7%。成本上涨、粮价下跌，种粮农民见面打招呼的话也变为"明年你还种不种粮了？"不少稻农表示困惑，"七斤沙子一斤谷"，种粮究竟还能否体现出他们的劳动价值。

镉大米负面影响发酵放大。在湖南，课题组切身感受到镉大米事件带来的严重影响。湖南产的稻谷不论是否镉超标，比邻近省份都低了 0.12 元/斤。一个加工企业的大米,被贵阳市质检部门检测镉超标,罚款 12 万元。导致湖南大米外销规模逐年递减,越来越多沉积在省内。一位农业技术人员反映,他们祖祖辈辈吃的自己产的米,现在被认定为镉大米,有些反应过激。他们一方面希望科学论证镉元素安全含量的临界点,如醴陵打算通过申报长寿之乡来扭转外界对镉大米的固化印象;另一方面希望能培育出对镉敏感度低、吸附不强的新品种,以及研发出简便适宜、价格适中的镉元素检测设备。2018 年最低收购价政策强调了稻谷品质的要求,中储粮株洲直属库实行先检后收,激化了镉大米的敏感性。

农业补贴精准性、指向性偏离。国家政策强调补贴一定要补给实际生产者,但对于种粮大户而言,土地是流转而来的,即使补贴强度再增大,土地流转价格与补贴强度相互挂钩、此消彼长,"补贴就像泡沫,一碰就破"。实际耕种的人得不到补贴,等于是普惠"地主",他们希望能把资金补贴转换为物化补贴,或者按照技术新模式给予补贴。一种粮大户介绍,农业补贴导致农业成为机会农业。一个外来承包者受补贴吸引来租地,欠了当地农户共计 80 万元土地流转费用后跑路了,打乱了当地正常的土地流转与农业经营。

稻谷加工企业优质粮源不足。之前的托市收购政策,更多的是从数量方面促进粮食生产,粮食部门称"托劣不托优"。尽管优质稻播种面积有一定增长,但总产量占比仍较低。稻谷加工企业普遍反映,优质粮源供应偏紧,上半年平均开工率只有 60%。这些做品牌大米的加工企业,迫切希望能大力发展优质稻,以满足企业常年需求。从醴陵农业部门获悉,全市水稻品种纷杂,削弱了稻谷纯度和专用性,1 万亩水稻存在近 20 个品种,影响了加工企业的粮源保障。除了加工企业,中储粮直属库也希望收购优质稻，这样能缩小进出库价差。

"运动式"去库存冲击粮价。2017年以来，国家对2013年和2014年收购的政策性稻谷集中出库，在终端增加了大米供给量，加剧稻谷价下跌0.1~0.2元/斤。加工企业把这种稻谷集中去库存，称为"运动式"去库存，他们迫切希望国家能把握好去库存的时机与节奏。加工企业不敢过多存粮，怕去库存影响粮价带来亏损。据中储粮直属库负责人讲，目前国储轮换机制不太灵活，储备粮空仓期只有4个月，这样就把储备粮轮换可能出现价格差异的期限限定在4个月之内，考虑成本和利润稳定性，每年1月是售粮的好时机，但5月新粮尚未接上，即使粮价较好的时候，陈粮也不敢轮换出库，限制了存粮轮换周转的收益。

加工企业动态储备功能发挥受限。为了利用粮食加工企业仓储设施，我国采取动态储备模式，把加工企业周转库存作为地方粮食储备库存，由企业根据市场价格变化情况自主轮换销售，政府不再承担亏损补贴。这样既保障了地方粮食储备安全，又有效减少了原粮轮换时产生的价差亏损。但南昌县粮食部门讲，近年曾曝出一些代收代储企业骗取保管补贴、存粮虚假或变质的问题，粮食主管部门现在对加工企业实行动态储备比较谨慎。实行粮食动态储备不仅减轻财政负担、保证加工企业粮源，更有利于种粮农民卖粮，实际上等于增加了粮食收储点。在湘阴县，因定点收储库点不足，导致粮农卖粮不便，只能低价卖给经纪人，直接减少了种粮收入。

三、下一步研究工作重点

根据这次调查反映的问题，笔者下一步将着力加强以下几个问题的研究。

深化最低收购价政策研究。种粮大户普遍反映，稻谷最低收购价政策效果明显，充分发挥了兜底托市作用，贸然取消该政策会打击种粮农民的积极性。为发挥市场机制作用，可将最低收购价格调整到略高于稻谷生产成本水平，但要加大生产者收入补贴额度。下一步，将开展口粮最低收购价、生产者补贴和土地流转"三位一体"的研究，构建口粮政策支持框架体系，切断生产者补贴和耕地流转价格之间此消彼长的联动关系，让实际生产者真正从补贴中受益。

"松绑"粮食收购多主体经营。按照"最低收购价+生产者补贴"的方式，中储粮系统只承担国家战略性储备，不再执行托市收购（除非稻谷价低于生产成本），而是通过激发粮食收购市场主体活力，让经纪人、加工企业等搞活粮食收购市场。以村集体或合作社为单位，开展多样化的产销合作模式。积极引进粮食加工企业，使农民根据合同组织生产，实现以需定产、以销定购。借助互联网信息平台，采取"线上+线下"的方式，拓展粮食销售辐射范围。

加快粮食轻简化技术推广。中国农业科学院要将粮食轻简化技术创新作为重点，在创新工程中进行系统布局。同时，大力示范推广"水稻+X（鸭、鱼、虾、蟹、马铃薯、西瓜、番茄、大蒜）高效养（种）共（轮）作模式"和绿色高效生产方式，重点加强新品种引进示范、水稻机械轻简化栽培技术、农作物病虫草害绿色防控技术、对重金属吸附弱的新品种等高产高效技术的集成攻关，在良种良法相配套、农机农艺相融合等关键环节上取得重大突破，确保"藏粮于技"战略落到实处。

执笔人：钟　钰、普蓂喆
课题指导：陈萌山、袁龙江

谨防粮食生产不利因素叠加

——基于黑吉两省四县（市、场）的调研

【摘要】 通过对黑吉两省四县（市、场）的调研发现，2018年秋粮生产有喜有忧。喜的是玉米大豆价补分离后购销两旺，多元主体加工发展迅速；粮食生产全面实现机械化，农民从"种地"到"管地"；新型种粮人呈现年轻化与专业化，多种规模种植模式正在涌现；种植结构加速调整，粮食品质品种进一步优化。忧的是粮食生产不利因素正在累积，连年丰收后麻痹意识悄然滋生、"靠天吃饭"的局面难以改变、"镰刀湾"东北冷凉区玉米调减空间有限、种粮成本迅速上升、新型主体规模化经营风险增加。要特别防范粮食供求形势在潜移默化中突转，科学合理推进结构调整，构筑补贴保险贷款"三位一体"和"两个转移"政策支持体系。

2018年9月25日，习近平总书记在黑龙江农垦考察粮食生产时，意味深长地说："中国粮食！中国饭碗！"这再次展示了党中央确保国家粮食安全的坚定决心。为及时了解秋粮形势，2018年9月下旬，中国农业科学院"中国粮食发展研究"课题组赴黑吉两省四地（赵光农场、北安市、榆树市和前郭县）调研，走访了15家粮食加工企业、合作社、种粮大户和中储粮直属库，并与县

(市、场）领导、农业粮食财政等部门负责同志和企业负责人、合作社领办人、种粮大户等近百人座谈，广泛听取意见，交流看法。总的来看，2018年东北粮食生产呈现稳定发展的态势，但出现了不少新情况、新问题，需要引起足够重视。

一、对粮食产业的基本判断

粮食种植结构继续优化。两省充分利用国家政策，重建新的轮作结构，"大豆+玉米""大豆+玉米+春小麦"种植面积扩大。优质粮食面积大幅增加，2018年北安市高蛋白食用大豆超过200万亩，比2017年增加40万亩；加工型专用玉米比2017年增加45.3万亩。"水稻+"模式越来越旺，每亩增加收入700~1 000元，其中"水稻+螃蟹"共生共养，实现绿色发展；"水稻+蔬菜""水稻+饲用油菜"等提高了土地产出率。同时，高粱、芸豆等杂粮种植规模也不断扩大，形成了主粮杂粮交相辉映的局面。

不同品种有增有减但总量低于2017年。结合走访农户反映情况和地方部门分析，从玉米看，黑龙江部分地区受玉米价格回升和深加工快速发展影响，种植面积略有增加，总产接近2017年水平。吉林玉米面积略减，由于遭受严重旱灾，产量受到影响，榆树市反映减产20%~30%。从大豆看，黑龙江完成了国家下达的大豆扩种计划，增加700万亩，但受9月10—11日低温霜冻天气影响，预计减产5%左右；吉林大豆种植面积略有增加，但品质和总产均可能下降。从稻谷看，两省呈现面积稳定，单产略有提高，总产和上年相当。

农业生产要素需求发生转折性变化。"种田要有家把事儿"，调查地区的粮食生产实现了从播到收的全程机械化，以无人机为代表的新型农机设备也被广泛使用,这是种田农民反映的他们最高兴、最满意的变化,赵光农场维宝旱田农作物种植专业合作社梁维宝讲,现在已从"种地"向"管地"转变,开着汽车上田头,监督农机作业质量和效率。粮食合作社对劳动力的需求主要是技能性较强的农机手,而非普通劳动力。大量使用农机设备减少了对劳动力的依赖,连片的100垧①玉米全年累计仅需30天工时。土地流转加快,粮食种植资本投入越来越大,种粮人已由过去的家庭积累转为对信贷的高度依赖。

规模性种粮主体呈现专业化、年轻化。 种粮主体的代际过渡特征明显,"75后""80后"成为新一代主力军,北安致富带头人李富强才35岁,先后获得北安市"种粮生产大户"、黑河市"优秀共产党员"、黑河市"致富能手"和黑龙江省"劳动模范"等荣誉称号。在榆树和前郭,调研组随机走访的10个种粮大户、合作社领办人中,有7个年龄都是三四十岁。他们乐于接受各种专业技术培训,并拥有自己的技术员、机械员,敢于尝试如"螃蟹养殖+有机稻种植"等多样化生产方式。更重要的是,这部分人大多具有强烈的乡土情结,如前郭县华信农牧业生产农民专业合作社创办人早年在湖南经营矿产收入颇丰,因情系故土而返乡种粮;前郭县王府站镇广臣种植专业合作社领办人也言及"生活不依赖土地,但珍惜这块土地"。"有情怀才更有动力",他们为本乡本土发展作贡献的愿景迫切,"谁来种地"不再忧虑。

粮食加工企业集聚发展、迸发活力。 在20世纪末,由地方政府主导创办的一批粮食加工企业运营不佳,亏损挂账严重。玉米收储改革后,理顺激活了加工企业产业链,许多粮食加工企业落户主产区。我们走访了中粮生化能源(榆树)有限公司、长春吉

---

① 1垧=1公顷。全书同。

粮天裕生物工程有限公司，看到其生产经营呈现规模扩大、销售活跃、效益较好的局面。2016 年投资的北安象屿金谷农产有限责任公司 60 万吨玉米深加工项目，9 个月就完成了开工建厂的所有过程，当年投产、翌年见效益，并从嘉吉（Cargill）、邦吉(Bunge) 等公司引进成熟型人才。

大豆产业呈恢复势头。随着生产者补贴政策力度增强，大豆面积恢复性增长，2018 年北安高蛋白食用大豆面积稳定 200 万亩以上，比上年增加 40 万亩。黑吉两省 2018 年大豆种植面积预计比上年扩大 770 万亩。调研了解到，地方部门和种植大户对转基因大豆持包容性态度，他们认为转基因大豆如能降低生产成本、减少田间劳动投入、增加产量，就能提高市场竞争力。赵光农场职工反映，他们现在的大豆单产水平与美国接近，如果种植转基因大豆就有抗衡美国大豆的可能，所以期待放宽对转基因大豆的种植管制。

二、几个需要关注的问题

生产"靠天吃饭"局面难以改变。黑吉两省有效灌溉面积分别占耕地面积 31% 和 22.4%，粮食生产仍以雨养为主，受自然条件的影响难以改变。已有的农田设施也比较薄弱，吉林反映约 40% 的大型灌区节水工程不配套，水资源利用率仅 17%；黑龙江水利工程设施功能不足，地表水利用率不足 30%。产粮大县普遍无力承担农田基础设施维护费用，更谈不上新建或更新设施。从总体上看，这几年，"藏粮于地、藏粮于技"，使我国粮食综合生产能力有了新的提升，但不能估计过高，重大自然灾害的制约仍不能忽视。2018 年吉林遭遇 62 年一遇的"三旱"（春旱、伏旱和卡脖旱）碰头，外加收获时节的秋雨，按照典型推算，全省玉米减产超过 100 亿斤。

"镰刀湾"东北冷凉区玉米调减空间有限。当地专业技术人员表示，黑龙江第四、五积温带内已经形成适应当地气候条件的作物体系，玉米种植风险比较低，不种玉米难以找到规模性替代品种，而大豆重茬易导致产量和质量上不去。以赵光农场维宝旱田农作物种植专业合作社为例，2018 年调减后玉米种植面积占 35%、大豆占 60%、其余为杂豆。尽管增加了大豆种植，但因为重茬，亩产比正常产量减少约 50 斤。北安农业部门表示，大豆亩产达到 400 斤的前提是有玉米作为前茬，如果未来两年连种大豆，将导致亩产降到 200 多斤，质量和产量问题将使调减玉米的可行性继续下降。在有水源地区，适当恢复春小麦，也有利于合理轮作，黑龙江春小麦曾经达到过 3 300 万亩。实际上春小麦是东北地区的优势品种，与国内大量进口的加拿大小麦同属优质强筋麦，其在东北地区结构调整中的作用还有待充分挖掘。

粮食"去库存"进程快得超出预期。从两省调研情况来看，玉米收储市场化改革后理顺价格传导体系，激发了市场活力，激活了产业链条，显著扩大市场接受容量。国家对进口玉米替代品（高粱、DDGS 等）管制也卓有成效，减少增量来推动库存消耗消化。持续大量去库存，各类市场主体积极响应，尤其是面向南方主销区流通日渐活跃，市场需求旺盛。当地粮食部门表示，近一半的储备库已完全腾空，超出了主管部门主观预想。榆树市约有 700 万吨库容，预计到 2019 年 8 月，将有一半库容腾出。前郭县 2013 年和 2014 年的临储玉米已完成出库，2015 年的成交率达到 50%，预计 2018 年年底能达到 60%，所有临储库存预计 2019 年出完。粮食部门开始担忧粮库仓容闲置和粮站职工生计着落问题。

粮食产区大米采购规模激增。黑吉两省大米除了大部分销往东南沿海传统主销区以外,对云贵川等西南片区的销量也在增加。新市场要粮"饥渴",据前郭县绿和源米业有限公司介绍,西南地区的一个客户月需求量从两三年前的300吨增加到现在600吨,全年供应量达到7 000~8 000吨。据前郭县的巨大米业反映,近年来该公司在西南片区不断与新客户建立合作关系,发货量年均增长50%。从优质米销售情况来看,前郭县华信农牧业生产农民专业合作社60%的优质大米销往云贵川地区,销售绝对量一直在增加,2017年以来更是供不应求,元旦前就全部销完。四川本是稻谷主产区,云贵是产销平衡区,这些地区需求的增加,除了与打击边境走私取得成效有关外,很大程度是供求总量变动从市场中发出的信号。

产粮大县贡献大、经济薄弱。主产区财政普遍吃紧,"粮食大县、经济小县、财政穷县"的窘境基本没有缓解。自2003年以来,榆树市为国家提供了900多亿斤商品粮(年均60亿斤),相当于京津沪渝四大直辖市和解放军等1亿人口三年的口粮。但2017年榆树市财政支出89.3亿元,"保工资"支出就需要20多亿,而本级财政仅为10.4亿,用地方干部的话说,我们不是"吃饭财政",而是"要饭财政"。同时,有的惠农政策还需要地方配套,但主产区没有"吃饭"的钱,更无力支付地方配套,陷入"需要钱但赚不到钱、要不到钱"的恶性循环。由于农民种粮收入不高,所以村里通过"一事一议"建设公共设施难度极大。产粮大县的村集体经济也不景气,据前郭县政府介绍,全县233个行政村,账户存款达到20万元的村子不足20个,50%以上村子没有存款,甚至有1/3的村子负债超过50万元。

粮食补贴政策设计方案亟待调整完善。临储取消后国家提供的补贴种类和数量都在增加,但从黑吉两省农业经营者和管理者的反映来看,现有补贴设计中系统性、长期性的考量还有待加强。

第一，目前，水稻实行最低收购价，玉米、大豆实行生产者补贴，同时大豆还有轮作补贴，补贴政策品种之间、出台时间协调性较差，不利于形成合理的比价关系，对农民的种植行为引导信号不够明确。第二，农机具购置补贴极大地提高了种粮机械化水平，但要防止盲目申请补贴、争相购置农机问题，避免出现一些合作社农机拥有量超过其土地经营规模承载程度。北安市宏维农业物产有限公司自身未购置一台农机，全部依靠雇佣农机种地，反而降低了经营成本。第三，秸秆还田没有技术壁垒，但粉碎、抛洒、深翻等操作成本居高不下，仅秸秆还田的深翻成本就额外增加500元/公顷（约30元/亩）。此外，还有深松整地作业补助标准低、规模小等问题。

贷款难、还贷紧干扰售粮节奏。贷款难、还贷紧的问题已影响正常的粮食经营。第一，贷款难度大。众多合作社缺乏银行认可的抵押物，几乎无法获得银行贷款，北安市宇新现代农机专业合作社融资需求是1 000万元，但仅获得贷款400万元。吉林省拿出农业直补的20%成立了省农业信贷担保有限公司，但贷款评估风险需要银行批准，而按照银行的标准来看农业项目风险大，获批难。前郭县没有一家合作社从省农业信贷担保有限公司获得贷款。第二，贷款利率居高不下。一般情况下合作社贷款月利率是6厘[①]多，部分地区农商行、邮政储蓄银行的贷款利率甚至高达8~9厘。第三，银行规定的还贷时间大多与收获时间重合，加剧粮食集中上市，进一步打压了市场价格。农民贷款是当年3月开始，翌年2月还清，恰好与当年末和翌年初的售粮高峰重合，造成农民为了还贷急于售粮变现，这样的还贷节奏不利于稳定粮食价格和增加种粮收入。

---

① 1厘=0.1分。

新型主体规模化经营风险增加。黑吉新型经营主体规模经营比重较大，尤其黑龙江规模经营比重超过60%，但近年来经营风险不断增加。第一，2018年以来，化肥、农药等生产资料价格普遍上涨，尤其是以石油为原料的投入品，伴随国际石油价格波动上浮至80美元/桶关口，生产资料价格与石油价格同步起伏，经营投入不确定性增加。黑龙江省赵光农场负责人介绍，尿素投入从2017年每吨1 700~1 800元增加到2 100~2 200元（上涨23%），磷肥从2 500元增加到3 000元（上涨20%），钾肥从3 100~3 200元增加到3 500元（上涨11%），农药涨幅也在10%~20%。第二，租金上涨快。土地经营收益、补贴与土地租金联动起伏，经营好了反而会带动土地流转价格增加。榆树一合作社提及，2017年地租每公顷仅为6 000~6 500元，2018年连片土地骤然上涨到8 500~9 000元。第三，保险保障力度比较低，目前大灾保险保费12元/亩，农民承担4元/亩，但赔付门槛比较高，即便是吉林2018年遭遇旱灾，达到完全绝产的也比较少，农民获得赔付有限。

三、政策建议

在调研中，种粮农民和涉农基层部门反映目前粮食生产存在一些不利因素，调动农民种粮、地方抓粮的积极性还需要系统性的政策措施，要倍加珍惜、努力保持我国粮食生产14年持续稳定发展的好形势。需要特别重视研究"三个转折"，一是2016年是我国粮食种植面积增减的转折之年。近几年来，长江流域和黄淮海地区棉花面积调减了几千万亩，2015年，粮食面积增加到17亿亩，为进入21世纪以来最高水平。2016、2017年，国家引导调整种植业结构，粮食面积减少，2018年面积继续减少。要警惕以调整种植业结构为名，粮食面积大幅减少的倾向。二是2018年有可能成为我国粮食连年丰收后高位回落的拐点之年，夏粮、早稻略减，秋粮主产区有增有减，全年粮食生产在克服多重困难的情况下，仍能保持12 000亿斤以上的较好水平，但要比2017年增产较困难。粮食主产区对2019年粮食生产面临的问题比较忧虑，确保面积稳定、产量稳定十分艰巨。三是2019年有可能成为粮食"收不了""储不下""销不动"局面改变后发生供求关系逆转之年，在目前秋粮陆续上市之际，主产区市场价格趋涨，主销区采购活跃，国家主动收购数量减少，粮食供求形势正在悄然发生变化。

针对以上分析，结合这次调研基层的呼声要求，提出以下几点建议。

防范粮食供求形势在潜移默化中突转。粮食连年丰收并不意味着产量会沿着惯性轨道继续保持下去，丰收的年头越多，高位回落的风险就越大。影响粮食危机的因素正在累积、交相叠加，即灾害频发拉低单产、结构调整促使面积骤减、库存见底降低调节回旋能力、贸易争端与国际油价风险难测。可谓"天人内外"四者跨界碰头，这是改革开放以来前所未有的。越是在粮食生产丰收的时候，越不能麻痹大意，忽视粮食生产。当前，中国经济依然处在新旧动能转换的关键期，新的增长动能总体上看还处于发育期，此时更容不得粮食生产有任何闪失。我国粮食连续丰收是在复杂的国际环境、关键的历史时期、重要的经济社会发展阶段、多变的自然气候条件下取得的。在中美贸易争端中，粮食已经成为重要的筹码。**不要侥幸以为能从国际市场适时适量地进口粮食，平衡国内的供求关系。**20世纪50年代以来，国际上一共发生了10次粮食禁运，其中8次由美国发起。因此，我国粮食生产或迎拐点之前，我们必须要谨防粮食生产滑坡，坚定地按照习近平总书记的指示要求，始终绷住粮食安全这根弦不放松，确保中国人民饭碗牢牢端在自己的手上，进一步强调粮食生产省长负责制，进一步加大粮食支持政策的力度，培育形成"政府重粮、部门抓粮、农民种粮"的强大合力。

引导支持产区销区异地跨省储备。黑吉两省库存粮食逐步消化，尤其今明两年将完成累积的库存玉米出库，会形成很大的闲置库容。国家粮食和物资储备局要为粮食主产区和主销区牵线搭桥，帮助产销区建立长期稳定的购销协作关系，引导销区地方政府在确保区域内短期粮食安全的前提下，尽可能与产区企业开展异地粮食储备。建立健全异地储备监管办法和轮换、费用拨付等机制，签订委托代储合同。同时，产区粮食主管部门在储备粮食监管、应急调运、粮源调剂和收储轮换等方面提供服务保障，充分利用现代信息技术和智能设备管理系统，实现对储备粮逐货位的品种、数量、质量远程在线监控，解决销区后顾之忧。

建立健全"两个转移"的发展补偿机制。长期以来，产粮大县一直没有摆脱经济小县、财政穷县的困境，本级财政基本没有能力投入粮食产能建设。要着力建立健全"两个转移"的发展补偿机制，除了进一步加大中央财政对粮食主产县的专项转移支付力度，对产粮大县还要给予资源转化优惠政策等发展性补偿，对产粮大县的大型农业农村基础设施、义务教育等纯公共物品，中央财政要担负起主要责任。主销区是当前国家粮食政策最直接的受益者，大大增加了其发展机会，除了在主产区和主销区的财政收入间形成利益补偿关系，还要鼓励销区企业到产区投资，提升产区粮食生产技术装备和产业化水平，培育新经济、新业态和新模式，推动现代产业经济快速发展。

构筑补贴、保险与贷款的"三位一体"生产支持体系。在总结玉米生产者补贴情况的基础上，建议2019年取消稻谷小麦最低收购价政策，全面实行粮食生产者补贴。春播前及时公布补贴方案，稳定种粮农民生产预期。深入推进涉农资金整合，全面实行"大专项+任务清单"管理方式，下放资金使用管理权限，提高地方统筹使用资金的能力和空间。考虑从保费补贴着手，使补贴隐性化，确保补贴与直接生产者挂钩，根据种植大户的需求，加大保险保费补贴，降低种植风险。调整保费补贴分摊办法，进一步提高产粮大县保费补贴标准，取消主产区市县政府配套保费补贴。在完善粮食作物完全成本保险和收入保险试点基础上，持续深入推进种粮保险"扩面、提标、增品"，做到应保尽保。利用现有已从补贴中提取的部分（即信贷担保有限公司注册资本）作为贷款风险保证金，推广"银行+保险+风险保证金"模式，加大对新型经营主体贷款贴息、融资担保等扶持政策。结合种植作物周期调整农民还贷梯次，针对还贷期与售粮季交叉重叠的问题，可根据农民种植作物生长周期特点，延长或缩短贷款期限，实行错峰还贷。支持发放种粮中长期贷款，对中长期的贷款给予税收减免、财政贴息、融资担保等扶持政策。

科学合理推进"镰刀湾"地区结构调整。 2016年和2017年"镰刀弯"地区玉米调减面积已累计约4 000万亩，但在黑龙江第四、第五积温带等地区，合理轮作制缺少调剂品种，玉米是作物间轮作难以替代的品种。因此，继续调整玉米面积没有余地。要精准细化分地区施策，在第四、第五积温带推广大豆玉米为主干作物，辅之以其他经济作物合理轮作，并在适宜地块扩大春小麦种植。根据科学轮作要求，推广选地整地、品种选择、播种施肥、田间管理等先进生产技术，对休耕地要允许种植豆科作物涵养土壤。

执笔人： 钟　钰、普蓂喆、秦　朗、胡向东、张宁宁、姚　升、袁龙江、陈萌山

当前粮食生产喜忧思

——基于豫鄂两省五县（市）的调研

【摘要】 通过对豫鄂两省五县（市）的调研发现，2019年夏粮面积基本稳定、长势较好、优质率提升，但种粮收益持续走低、病害隐患逐年加重、粮食市场机制不畅等问题越来越掣肘产业的良性发展。笔者深刻感受到粮食市场主体利益交错，过去"打补丁"式地出台政策已无法有效解决粮食产业面临的问题和挑战。在新的发展阶段，要以习近平新时代中国特色社会主义思想和国家粮食安全战略为指导，深化改革，重新梳理各方利益关系，系统重塑中国粮食政策体系。

2019年，中央一号文件再次释放明确的重农抓粮信号；全国"两会"期间，习近平总书记在河南代表团进一步强调"要扛稳粮食安全这个重任"，明确指出"确保重要农产品特别是粮食供给，是实施乡村振兴战略的首要任务"。带着总书记的嘱托，2019年3月下旬至4月上旬，中国农业科学院"中国粮食发展研究"课题组奔赴**豫鄂两省的永城市、商水县、邓州市、枣阳市和监利县调研，五县（市）粮食播种面积总计1 500万亩，产量超过600万吨**，相当于宁夏、青海、西藏三省区粮食总产量，是我国（超级）产粮大县、商品粮输出大县，分别代表了长江流域、黄淮海平原粮食主产区的典型特征。**调研组采取不听汇报、不要求领导陪同、不提供汇报材料的方式，零距离、面对面进行访谈、座谈、入户下田进库察看，涵盖 10 家粮食加工企业、15 家粮食生产合作社、21 个种粮农户、5 个粮食科技示范园、10 个中储粮直属库和地方粮食储备库，直接接受调研人数 130 人，并与五县（市）党委政府、农业粮食财政等部门负责同志以及两省农科院领导专家交换了意见。**总的来看，2019 年粮食发展出现了不少新亮点，面临的挑战仍旧不少，重塑国家粮食安全新体系迫在眉睫。

一、2019 年粮食生产开局良好

夏粮长势好于 2018 年。除了监利县以外，其他 4 个县（市）均为我国夏粮主产区。2018 年秋播以来，小麦生产总体较为顺利，越冬期苗情明显好于上年，也好于常年。永城市冬小麦面积 160 万亩，目前墒情较好，入春以来生长发育进程加快，一二类苗超过 95%。通过"3030"优质麦工程（30 万亩强筋小麦、30 万亩富硒中筋小麦），做到了"九统一"，提升了粮食生产水平和种植效益。商水县小麦长势喜人、苗情又壮又旺，一二类苗达到 96%，比 2018 年提高 3 个百分点。邓州市 2019 年一二类苗占 92%，比 2018 年高出 2 个百分点。枣阳市是湖北有名的"旱包子""望天收"地区，2019 年冬小麦一二类苗达到 89%，比常年高 4 个百分点。4 月中旬开始，小麦主产区陆续扬花、灌浆，同时也是小麦赤霉病防治的关键时期，四地对"一喷三防"更加重视。如果 2019 年能有效控制病虫害的影响，后期不出现重大不利气候，夏收小麦有望丰收，实现粮食生产开门红。

地方政府比前几年重视抓粮工作。调研的县（市）反映，

2019年中央一号文件再次把粮食生产放在突出位置，提出了明确要求。习近平总书记在参加十三届全国人大二次会议河南代表团审议时，专门强调粮食安全的重要性。**这对粮食主产区是极大的鼓舞，主产区担当国家粮食安全的使命感、责任感和荣誉感又凸显出来。**永城市领导表示"粮食生产的重任要往死里扛"。国家级贫困县商水县领导说："商水县拥有河南唯一的大规模砂姜黑土地，富含有机质，看到这些黑土地被征收成为建设用地，就有深深的历史负罪感。总书记要求河南多为国家粮食安全作贡献，让他坚定了一定要打好粮食优势这个名片的信念，并挤出财政预算1 600万元，免费对示范区小麦开展统防统治。"产粮大县（市）的主要领导对粮食安全的重视，不仅体现在粮食种植方面，还体现在大力推进粮食产业发展、粮食经济繁荣上。永城市强力推进面粉之都建设，制定了更加优惠的营商条件。商水县领导亲自解决鲁王集团扩建用地困难。枣阳市确定了一批粮油加工帮扶企业。监利县与华中农业大学、湖北省农业科学院等科研单位开展产学研紧密合作，打造粮食"双水双绿"科技支撑工程。

优质品种和新种植模式方兴未艾。近几年国内市场对优质粮食品种需求旺、接受快，农民反映既好卖、价又高，优质小麦普遍高0.2元/斤，优质水稻高0.6元/斤。**市场反应有力推动粮食供给侧结构调整，优质种植面积逐年扩大。**永城市麦客多企业负责人反映，当地扩大强筋小麦种植面积，使面包加工所需原料实现20%进口替代，提高了农民种植收益。商水县优质小麦新品种周麦26、周麦27和周麦28种植面积不断扩大，2019年达到60万亩，占小麦总播种面积的48.4%。监利县大力推广"水稻+"种植模式，2018年"虾稻共作、稻渔种养"80万亩，2019年达到100万亩，每亩纯收入达到3 410元。"中稻—再生稻—绿肥"种植35万亩，每亩纯收入560元，"稻鸭共育""中稻—蔬菜""稻—蛙"模式面积也在兴起扩大。

多样化的社会化服务层出不穷。新型农业经营主体不断涌现，在多年生产经验的基础上转型升级，不断完善农业产前、产中、产后各种需求。种粮农户减少，种粮农户劳动时间缩短，而粮食新型农业经营主体和生产服务人员迅速增加，农业生产现代化水平迅速提高。永城市重视农技推广区域站建设，通过公益性全程技术服务对接规模种植大户，提供技术指导、新品种引进示范、病虫害及农业灾害监测预报、统防统治、科学施肥等。课题组调研的演集区域站有完备的试验基地、培训设施、检测设备和必要的工作经费，覆盖3个乡镇、12.3万亩耕地，每年培训超过600人次，较好地满足了生产需要。商水县大力推广土地托管服务经营模式，由零星托管到近年来整乡整村推进，显示出强大的生命力。河南省发达高产种植专业合作社在粮食生产托管服务方面大胆创新、成效显著。他们托管服务社员5 000多户，共6万多亩，按照土地增产、粮食增效、社员增收、合作帮扶的宗旨要求，提供了供种、供肥、田间耕作、收获、烘干仓储、销售等托管服务，每亩节省成本150元，订单加价回收每亩增收120元，合计增收270元。该合作社探索出了托管模式的有效机制，以自然村为单位配置一个有经验、有威望的区域托管员，层层发展下线，辐射带动周边，形成了从散户到小托管组再到大托管组的网络体系。托管员负责拓展托管规模、发放农资、指导技术、协调连片机械化作业和催收托管服务费，收入按照托管服务区域粮食产量每斤2分计酬。下一步他们将按照总书记提出的"延长产业链、提升价值链、打造供应链"的号召，进一步扩大托管服务范围。商水县总结推广该合作社的经验，拟出台鼓励性政策，大力支持新型经营主体进行土地托管、股份制合作等创新发展模式，下半年计划在舒庄、汤庄、张明3个乡试点整建制开展土地托管服务，培育粮食生产发展新动能。托管服务实现了风险共担、利益共享,做到"你交钱、我管理"。调查中许多种粮大户告诉笔者,从流转到托管降低了种粮大户的经营风险,尤其对于部分不愿离开土地的农户节本增效立竿见影,同时还有效解决了先进种植技术与小农户对接的难题。**托管服务对稳定家庭联产承包责任制具有重要意义。**河南首邑农业发展有限公司组建农业社会化服务团队购置国外先进农具,开展农机作业服务,为周边8万亩粮食生产提供从播种、施肥、喷药、收获到秸秆还田等多种服务套餐。鄂豫两地粮食收获季节易遭受连阴雨,粮食烘干问题突出,产后烘干代储服务应运而生,如监利的精华合作社开展粮食烘干、储藏、收购等服务,增强了农户卖粮的议价能力。

市场化取向改革正在基层兴起。一些承担收储业务的粮食企业,未雨绸缪、自我革命,认识到粮食市场化改革趋势不可逆转,靠吃政策饭不是长久之计。邓州市的地方国有粮食企业共有干部职工2 333人,36个独立核算企业,主要收入来源为政策性粮食收购保管费。目前存储政策性粮食66.9万吨,不少已超过安全储备年限,他们认为目前粮食储备企业这种吃政策饭、当"保管员"的做法既不能有效发挥粮食储备的作用,又不适应粮食市场化发展要求。为此,他们顺应深化改革的新形势,主动出击,对现有机器设备、厂房设施及土地进行固定资产清算,将辖属的20个粮管所占用的1 438亩地清点变现,加快优质资产整合与不良资产剥离,组建粮油投资发展有限公司,加快粮食仓储智能化升级改造和粮食产后服务体系建设,围绕市场化收购条件下农民收粮、储粮、卖粮等难题,面向农户开展代清理、代烘干、代储存、代加工、代销售的"五代"服务。

粮食加工业购销两旺。调研的8家粮食加工企业普遍反映其客户群体除了传统的东南沿海地区,近年来云、贵、川等地需求强劲，客户数量不断增加，订单规模逐年上升，优质产品供不应求。他们通过收购优质原粮、升级加工设备，不断向市场推陈出新。永城市最大的粮食加工企业华冠面粉有限公司介绍，近年来特别是2019年，市场销售顺畅，供不应求，新订单不敢接，只能满足老客户需求。目前面粉价格比2018年上涨10%，企业销售量同比增加10%以上，尤其对专用面粉需求特别迫切。汇丰面粉有限公司甚至要求客户先打款后发货。永城市规划建设7.03平方公里的食品产业园，已入驻包括麦客多食品、鑫鼎食品、众品食业等大中型食品企业16家，通过做强企业、集聚产业、打造龙头、品牌引领等方式延长粮食加工产业链。商水县拥有砂姜黑土地80万亩，为粮食品质提升创造条件，2019年优质小麦种植面积达30万亩，与中粮、益海嘉里等加工企业签订高质量高价格回收订单，并努力申报国家级优质小麦现代农业产业园。商水鲁王集团为满足面粉、挂面等粮食加工产品强劲的市场需求，增加投资，申请扩建加工厂区。监利福娃集团和恒泰农业集团围绕稻米全产业链战略，坚持优质粮食产业化发展道路，突破以往困境，形成稻米加工、食品加工、饲料加工、生态农业多样化发展的全产业链条，近两年企业经营状况趋好。

二、当前粮食产业面临的痼疾与新患

收益持续下降冲击种粮农民积极性。近年来国家环保标准提高，农资工业企业成本直线上升，种植大户普遍反映"生产资料一个劲儿涨，粮食价格一个劲儿降"，种粮利润受到严重挤压，出现"市场旺、加工旺、服务旺，就是种植不旺"的局面。永城市刘新全农机专业合作社介绍，2018年旋耕、播种、农药、化肥、人工和种子购买成本比2014年分别上涨了50%、12.5%、25%、20%、50%以及30%。受最低收购价下调影响，永城2018年普通小麦价格为1.1元/斤，较上年下降0.1元。邓州市穰原农作物种植专业合作社负责人介绍，2018年早稻、小麦和玉米每亩生产成本分别为670元、550元和435元，地租成本为每季325元/亩，亩均收入只有1 000元、500元（赤霉病导致小麦减产一半）和800元，净利润基本维持在30~60元/亩。邓州市种粮大户郭春声表示，从2017年开始，种粮效益就不行了，他们至多只能承受3年的亏损，否则资金链断裂，再赔就无法继续种粮了。在枣阳市参加座谈的种粮大户、合作社带头人刘志庆、张兵、陈大明、王昌建、吴进军、阮晓平一致反映，2017年以来种粮都是亏本的。阮晓平流转了3 100亩土地，主要种植小麦、水稻和青贮玉米，两年亏损了360万元。种粮大户张兵说道："之前在外经营生意的存款都搭进去了，如果今年再赔连家都保不住了。"枣阳市梁家村58岁的闫顺华老人伤心地告诉课题组成员，她种了18亩小麦和花生，因旱灾等原因本钱都没收回来，原本想给患病在床的儿子赚些看病的钱，也落空了。枣阳市梁家村过去土地流转费用500~700元/亩，现在降到300元/亩还是没人要，出现"流转户退包，农民不要退"的两难现象，该村土地抛荒率达到20%。

一路调研过来，课题组成员强烈地感受到这几年农民种粮不易，普遍微利或亏损，种粮大户、家庭农场尤其焦虑茫然，不知道能否撑下去。这几年许多满怀热情返乡创业当起经营数千亩土地的"粮老板"，因经营亏损难以为继，"失败了只能默默承受"，其涉足粮食遇到挫折，令人同情，也发人深思。商水县领导直言不讳地说道："从讲政治角度要抓粮食生产，但讲效益的角度难以继续种粮。"永城市领导则说："这种局面再不改变主产区就被压塌了。"

病害成为主产区粮食安全的重大威胁。赤霉病是小麦生产面临的最严重病害之一。调研中发现，**近年来小麦赤霉病出现明显的北移趋势，已从长江流域扩展到黄河流域，华北平原正面临着全面发生的威胁，成为我国小麦主产区小麦种植和食品安全的最大问题。**赤霉病如果防治不及时会造成小麦减产，严重的甚至绝收。赤霉病由镰刀菌属真菌引起，产生以呕吐毒素 DON 为主的真菌毒素，对人畜都有较大的危害，食用病麦会引起眩晕、发烧、恶心、腹泻等急性中毒症状，严重时会引起出血，影响免疫力和生育力等，小麦中病麦比重达到 4% 以上时即不能食用。2018 年，河南省小麦赤霉病害发生率创新高，受害面积高达 141.9 万公顷，高出往年平均受害面积 50%。商水县领导说，"赤霉病比非洲猪瘟危害更大，但重视程度远远没有到位"。农业部门反映，目前小麦主推品种普遍不抗赤霉病，急需国家加大投入，组织全国科技攻关。同时，国家 "一喷三防" 补贴经费到位晚、标准低，难以有效开展统防统治。永城市、邓州市粮食部门均反映，2018 年因赤霉病毒素检测超标，小麦托市收购没有达标粮源。目前，赤霉病已对食品加工行业的产品质量造成重大影响，像五得利、益海这样的大型知名企业，也曾暴出面粉中检测出呕吐毒素的问题，主要原因是小麦普遍染病而无法购到合格小麦。赤霉病北移趋势正在改变加工企业的区域布局，据反映，2015—2019 年河南省小麦加工企业从 800 家减少到不足 300 家，加工企业减少不利于主产区小麦就地加工转化。

优质粮食品种少、数量缺。优质粮食价格高，不愁销路，但目前生产上推广的品种多乱杂，影响粮食供应的质量和稳定性，与市场需求不对接。调研发现，优质品种的种植效益普遍高于普通品种的种植效益，全部做到订单收购。永城市许多面包加工企业所需优质强筋小麦原料 80% 仍靠进口，十分渴望国产小麦加快品种结构调整升级，以实现进口替代。目前进口优质小麦价格在2.3~2.4元/斤，远高于国内市场价。监利县通过发展优质稻、虾稻，不仅产品不愁销路，利润也翻倍，优质米平均能卖到2.5元/斤，有的甚至可以卖到十多块钱，而普通米仅能卖到1.9元/斤。枣阳市农业农村局反映，种子经销商与加工企业利益诉求不一致，种子经销商总希望不断推出新品种，增大利润空间，而加工企业则反映种植品种杂乱、良莠不齐影响加工品质和客源稳定性。随着产业转型升级，企业对优质粮食的需求越来越迫切，粮食生产质量与加工企业需求的矛盾越来越突出。

烘干仓储设施不足，致使保质难、卖粮节奏紧。随着规模种植兴起和市场化进程加快，农户烘干仓储设施缺位直接加剧集中售粮的矛盾和粮食霉变的隐患。河南省收获期季节多阴雨天气，玉米含水率高，仓储设施和烘干设备不足，在脱粒、收储和加工环节易霉变，导致产品黄曲霉毒素普遍超标，企业不敢使用当地玉米，只能从东北外购玉米来加工。刚收获的小麦含水率一般超过20%，而储藏要求在13%~14%，含水率高难以卖到好价钱。仓储和烘干设施不足已经成为制约种粮收益、议价能力和加工业发展的关键因素。在枣阳市座谈时，一位农户在小麦收获后没有仓储设施，不得不以0.4元/斤低价卖出，另一农户家里有仓储设施，存放了2个月后以0.8元/斤的价格卖出，价格翻一番。三杰集团则利用粮食的季节性、周期性价格波动，在地头收粮赚取了上百万元的可观利润。我国正处于工业化、城镇化快速发展时期，国家对土地调控强度逐步加大，用地供需矛盾十分突出。一些种粮大户反映，在规模化种植中，需要专门找一块地来烘干、存放粮食和农机，但用地指标审批手续难，亟待解决。

金融支农流于形式，造成产业"缺血"。资金缺乏是粮食产业发展的固有难题，政府一直试图通过多样化惠农金融服务粮食产业主体，但在实际操作过程中金融"脱农"现象始终没有明显改观。据河南省发达高产种植专业合作社反映，很多支持农业的大政方针缺少具体的政策文件配套落实，"文件在桌子上转，但不见落地"，"火车只有麦鸣声，就是不进站"，"没有明显感觉到一号文件的实惠"。该合作社托管 7 万亩耕地，需融资 8 000 万元。由于贷不到款只能与中粮集团合作，按照每斤小麦 2 分支付利息，产生的利润再对半分。2018 年该合作社在资金最紧张的时候，县农业农村局局长用自家住房抵押贷款 100 万元，帮助解决燃眉之急。同时，商水鲁王集团反映，民营企业贷不到款，中储粮要多少贷多少。监利福娃集团因农业发展银行提前撤贷，导致资金困难，面对市场旺盛的客户需求却不得不减产，每年生产损失 1 000 万～2 000 万元。地方反映中国农业发展银行也从田里上岸，不支农了，转到搞基础设施建设融资，恨不得将行名中的"农业"二字去掉。

　　收储制度不合理，亟待改革。 托市改革停留在价格调整和前期入库环节，后续轮出处置机制与市场价格形成机制仍然脱节，高库存问题并未有效缓解。基层国库中的陈粮比例偏高、储存时间长，导致粮食变质，成为无效库存。邓州市基层粮站现有 66.9 万吨托市粮，其中有 2014 年的 10 万吨，占现有库存的 14.9%。枣阳市 36 万吨托市粮中，有 2014 年的 17.8 万吨，占 49.4%。据邓州市基层粮站工作人员描述，"主产区粮库的粮食已经装到嗓子眼了"。加工企业也普遍反映，中储粮粮库中"粮满为患，粮价还高"。尽管库存高企，粮库中的托市粮却处于基本不流通的状态，托市粮大多以高于市场价挂牌出售，流拍率很高。据邓州市粮食中间商安笋反映，2019 年春节到当年 4 月，河南托市粮成交率不足 0.2%；枣阳市地方储备库梅主任反映，湖北省的成交率几乎为 0。进一步了解发现，国家对粮食储备给予 74 元/吨保管费，保管费是收储企业收入的主要来源，当地流传道"稻花香小麦黄，吃喝全靠中储粮"。托市粮保管费用与收储企业饭碗挂钩是其积极收购粮食、但却无动力流出粮食的关键因素。鲁王集团董事长还反映，**河南70%~80%的粮食进入了中储粮的粮库，而加工企业却收不到粮食**。"粮食在库里，不出来"是许多加工企业的共同感受。加工企业对市场化的呼声很高，"**最低保护价带来的收益并没有实际到农民手里，而是到了粮贩和中储粮手里**"，粮贩从农民手中以市场价购买粮食，然后再以最低收购价卖给中储粮赚取差价，"粮食实际是到中储粮库里转了一圈"，福娃集团的负责人认为"最低收购价搞乱了市场，搞坏了民心，搞垮了企业"，呼吁"国家顶层设计上应该有培育市场的机制"。

高标准农田建设补贴标准不足。"藏粮于地"战略的实施，就是在国家粮食生产功能区全面推进高标准农田的建设，调查所到的县市对这一国家行动高度肯定、翘首期盼。目前，国家对高标准农田建设给予每亩 1 200~1 500 元补贴，而据县（市）政府部门反映，平原地区的高标准农田建设要投入 3 000 元/亩才可达到标准。邓州市农技推广服务站主任冀洪策说："现在的补贴标准只能解决水和路的问题。"商水县农业农村局反映，目前的补贴标准太低，3 000 元/亩可以基本满足建设标准和要求，达到 5 000 元/亩才能实现滴灌和水肥一体化。枣阳市农业部门反映，现在的**高标准农田建设"说是高标准，实际是低标准"**，由于每亩投入较低，"虽然完成了国家规定的面积指标，但前面建，后面坏"。另外，有些渠道硬化是"面子工程"，没有任何作用。监利县的种植大户张彩艳表示，要实现机械化作业，机耕路至少要 3.5~5 米宽，目前机耕路宽度不够，制约机械化作业。

土地流转平台隐形剥夺农村土地财富。一些地方探索的"流转—整理—再流转"开发模式，存在利用土地流转平台隐形剥夺农村土地财富的问题。**邓州市与省国土资源开发投资管理中心共同成立土地开发公司，以每年600元/亩的标准，从农民手中将土地经营权流转到公司，共签订流转合同5 966个，流转土地6.2万亩。由开发公司委托专业公司全域设计，集中实施土地整理后产生3层收益：一是通过土地整理提升了地力，再流转的土地租金平均每亩达到了800元，有200元溢价；二是通过整理以后，可以新增农田约5 900亩，产生额外流转收益；三是整理后新增的1 600亩建设用地，由省国土开发中心通过建设用地增减挂钩交易，这是一笔巨大的财富。课题组了解到，省级国土资源部门有意将控股比例增加到51%，新增建设用地实施增减挂钩交易产生的收益是省级国土资源部门控股的主要动力。这种开发模式的探索值得肯定，在一定程度上解决了村集体财政困难、耕地碎片化、道路失修等问题，对于盘活粮食主产区土地、资金和技术起到了积极作用。但背后产生的收益，尤其是新增建设用地指标的收益应归谁所有以及收益如何分配的问题，值得进一步深入研究，这些本应该成为振兴乡村的资本财富，要谨防农民农村利益被隐形剥夺。**

　　保险公司"不保险"让粮农直接暴露在灾害威胁下。农业保险作为分散风险的重要手段，目前没有发挥出应有的兜底作用。种粮大户普遍反映，灾后的实际赔付额不高，"一亩地交5块4的保费，受灾再大，也才赔10块钱"。农业保险还只承保在册面积的农田，土地确权后多出来的面积不予承保。还有粮农反映，**保险公司这种赔付方式是"引诱性保险"，如果一点也不赔付，农民不入保险，保险公司就拿不到财政的保费补贴**。很多种粮大户表示保费"愿意多交点"，希望保险真正起到灾后"没亏损，少亏损"的作用，"如果忙了一年，最后还把成本给搭进去了，那以后真是没人种地"。如果农业保险可以保收入，农户种粮信心和积极性会大大增强，对于稳定国家粮食安全大有裨益。农户也反映保险公司存在有倾向地选择承保的现象，愿意保小麦，因为小麦一般不会绝收，对于玉米、黄豆等容易绝收的作物不愿意承保。在监利县座谈时，中国人民保险集团股份有限公司也反映，农业种植风险较高，不愿意涉足，"做了3年的政策保险，赔了3年"。另外，农作物种植属于季节性较强的作物，逐户逐地勘灾定损耗时耗力，非常困难。如何利用保险公司助力粮食生产，让保险真正起到"减震器""稳定器"的保障兜底功能，需要统筹考虑、系统推进。

三、加快重塑中国粮食政策体系的思考

党的十八大以来，习近平总书记对粮食安全的系列重要论述，为加强中国粮食安全提供了方向遵循和理论指导。粮食是整个国家稳定的压舱石、社会发展的风向标、经济运行的晴雨表。在推进全面小康的进程中，必须始终坚持做到粮食生产不放松，确保中国人的饭碗牢牢端在自己手中。在此次以及往年的多次调研中，**笔者深刻感受到粮食稳定发展存在隐患，长期丰收带来的放松懈怠麻痹情绪正在滋长，支持粮食发展的政策措施急需改善加强。目前有关政策惠及粮农力度不强、精准不够、与国际贸易规则对接不紧**，粮食市场利益主体各唱各的调、各诉各的苦，经常不在一个调上，尽是"独奏曲"，无法形成"交响曲"。5年多来，中央深改委审议通过了400多个重要改革文件，推出1 932个改革方案，但还没有一个关于粮食的改革方案。**在新的发展阶段，中国粮食政策体系亟须重新理顺各方关系，进行总体设计和系统重塑。**

新时期的粮食改革方案，要以习近平新时代中国特色社会主义思想和国家粮食安全战略为指导，深化改革，坚持一个中心、做到两个补偿、构建"三位一体"生产支持体系、兼顾两个市场、突出"两藏"。即坚持市场化改革配置资源这个中心；补偿种粮农民收益、补偿种粮地区利益；兼顾国际国内市场，依靠国际市场调剂量的不足、依靠国内解决质的提升；以高标准粮田为重点推进"藏粮于地"建设，以优质品种及其配套技术、农机转型升级为两翼推进"藏粮于技"发展，加快机制创新，实现技术到田、技术到村。

进一步深化粮食市场化改革。坚定粮食市场化改革信念，下狠决心、下大力气迈出粮食市场化改革步伐。**充分发挥市场在资源配置中的决定性作用，在国际市场压力下倒逼国内粮食生产转型和技术优化，增强国内粮食竞争力**。充分理顺粮食市场各方关系，促使国内市场价格机制形成。破除资源流动的体制机制障碍，以市场确定资源流动方向，提高资源利用效率。增强收储机制灵活性，取消超期超标储备粮顺价销售要求，随行就市加快旧粮轮出。稻谷和小麦应仿照玉米改革方案加快向市场化过渡，政府收缩收购范围，给市场博弈、市场运作留足空间。以更为市场化的补贴、信贷、保险等措施，将政府保护退居幕后，真正发挥调控和辅助作用。建立符合农业产业特征的金融支持体系，去除粮食各主体参与粮食市场化运作的资金约束，释放各主体参与市场竞价、市场化收储的积极性，促进粮食竞价、流通收储的市场化。

加快构建定量核算、按量补还"两个补偿"体系。多年来粮食主产区"背着包袱抓粮食，抓了粮食背包袱"的困境一直无法改变。要从顶层设计上统筹建立粮食专项发展补偿体系，着力开展中央政府向主产区转移、主销区向主产区转移的"两个转移"

发展补偿机制。监利福娃集团负责人建议,**将现在对粮食加工企业的免(减)税优惠额度作为中央对地方税收定量返还的核算依据,进一步加大中央财政对粮食主产县市的专项转移支付力度,增强产区财政能力和调配余地**。这一建议值得重视和进一步研究。要建立主销区与主产区对口利益补偿关系,依据粮食净流入量、粮食生产资源消耗,对标全国人均 GDP 水平、农民人均可支配收入,估算主产区发展补偿规模。

加快构建保障有力的补贴、保险与贷款的"三位一体"生产支持体系。玉米临储取消、价补分离充分激发了市场活力,建议在总结玉米生产者补贴经验的基础上,取消稻谷小麦最低收购价政策,全面实行粮食生产者补贴。在春播前及时公布补贴方案,稳定种粮农民生产预期。以信贷和保险方式促进调控手段市场化,加快建立市场化的信贷和保险补贴方式。支持发放种粮中长期贷款,对农民开展农业生产、建设仓储烘干设备等与农业生产密切相关的投资活动给予税收减免、财政贴息、融资担保等扶持政策。结合种植作物周期调整农民还贷梯次,延长或缩短贷款期限不等数月,实行错峰还贷。对当地农业发展银行、农业银行、农村信用社等设定涉粮贷款业务指标,避免涉农银行"脱农",确保涉农银行切实为农业和粮食产业发展服务。增加保险保障类型,将市场风险同自然风险一道纳入保险范围。放宽"绝收才保"的隐性限制,按照受灾面积、成灾面积占种植面积的比重进行保险赔付。适当提高保费标准,同时将赔付标准提高为种植成本保障,例如 20 元/亩保费保障 800 元/亩的种植成本,在部分经济发达的地区提高到种植收益保障,对有能力的粮食加工企业开展粮食收购贷款服务,促进粮食收购市场化,增加市场主体收粮、储粮积极性,促进价格市场化形成,降低政府储粮负担。

实行绿色优质粮食发展政策。组织农业部门、企业、农业生产者共同选择优质品种,着力增加绿色优质、营养健康粮食及粮食制品供应。粮食生产要从重视产量考核转到更加重视质量、做到数量与质量兼顾。要按照优势农产品区域规划布局的要求,继续推进粮食优质品种专区种植。**建议在全国全面开展绿色优质品种专种、专管、专收、专储、专用行动,制定相应的政策措施,变绿色为效益,通过优质来提升粮食效益**。要大力开发优质、营养健康的粮油新产品,拉长产业链,增加多元化、定制化、个性化产品供给,促进优质粮食产品的营养升级扩版。

建立与 WTO 规则相适应的支持体系。调整最低收购价政策执行范围和执行标准,减少与粮食产量、价格之间的挂钩关联,直至取消。**采用基期产量或者面积值,作为提供补贴标准,促使黄箱政策"蓝色化"**。以"藏粮于地"为依托,加大对农业基础设施、高标准农田建设的支持力度,提高区域农田建设的科学性,将高标准农田建设的补贴资金提高至 3 000 元/亩,切实夯实粮田高产稳产的基础。对当前粮食生产中面临的关键重大科学难题,实施技术攻关、技术集成、转化推广等"绿色化"专项补贴。及时向 WTO 提交综合支持量测算依据方法和综合支持量数据,尤其是大米、小麦和玉米的分品种综合支持量数据,以纠正并消除外界误解,化解由此带来的负面冲击。加强研究中国未来粮食支持政策及其对综合支持量的可能影响,确保与世界贸易组织规则对接。

"断崖式"改革现行粮食收储政策。政府托市收储政策逐渐让位于市场收储,减少托市价格对市场价格的干扰和影响。对于患政策依赖症的收储企业,实行保管费用总包干制(3 年 150 元)或者梯次降低制,保管费用逐年降低,直到第四年不再支付。托市粮拍卖采取按年份逐级折价拍卖,在市场价格较低的年份,参考中央储备粮轮换规定,按照市场价格拍卖,消除托市粮轮换的制度障碍。逐步收缩托市储备,将政府储备回归备战备荒的战略储备本位,将财政资金转移到市场流通渠道的构建上来,鼓励市场主体参与市场购销,形成与战略储备相配合的社会储备体系。

执笔人:钟　钰、普蕙喆、牛坤玉、张　琳、张宁宁、秦　朗、沈祥成、田建民

课题指导:陈萌山、袁龙江

粮食"不愁吃"的保障机制存在明显短板

——基于云贵两省六县(市)的调研

【摘要】 通过对云贵两省六县(市)的调研发现,粮食总量稳定增长、特色粮食亮点突出、食物供给进一步丰富。两省"两不愁三保障",特别是粮食"不愁吃"的目标可望如期实现,但是"不愁吃"的保障机制还存在明显短板,即在思想认识、粮食综合生产能力、粮食流通设施等方面存在短板。在我国粮食生产格局不断演变的背景下,要全面贯彻落实习近平总书记重要讲话精神,扛稳粮食安全重任。建议把粮食区域保障上升为国家粮食安全战略,提升销区和平衡区粮食流通保障能力,进一步加大对粮食主产区支持,统筹粮食生产与脱贫攻坚的协同关系,全面深化改革粮食政策。

为深入了解贫困地区粮食发展问题,特别是其粮食"不愁吃"的保障问题。2019年7月下旬,中国农业科学院"中国粮食发展研究"课题组到云贵两省开展调研。云贵是国家脱贫攻坚的主战场,又是粮食产销平衡区,调研其粮食发展状况对研究贫困地区和产销平衡区的粮食安全保障,具有典型性、代表性和借鉴意义。课题组先后调研了6个县(市),其中既有织金、宣威、富源等当地粮食大县（市），也有普定、水城①、宜良等粮食产量较小的县。课题组深入基层、深入农户、深入田间，与县、乡、村的干部、技术人员、种粮农户广泛交流，走访了10家粮食加工（饲料）企业、3家种业公司、9家粮油经销商（供销社）、5家粮食和经济作物合作社、10个种粮农户、2个粮食科技示范园（中心）、4个地方粮食储备库，召开了6次座谈会，与两省农科院领导专家交换了意见，直接接受访谈的达173人。课题组白天下乡调研访谈，晚上集中讨论，以求吃透下情、洞彻事理。**总的来看，云贵两省粮食发展呈现不少亮点，但粮食产不足需的问题日益突出，正加速由产销平衡区向销区滑落，粮食安全保障的潜在风险日益积累，补齐产销平衡区粮食生产短板、建立粮食"不愁吃"保障机制刻不容缓。**

一、粮食发展为打赢脱贫攻坚战、全面建成小康社会奠定了基础，但综合生产能力提升缓慢

近年来云贵两省认真落实中央一号文件精神，深化农业供给侧结构性改革，围绕粮食发展问题，采取划定粮食生产功能区、签订管护责任书、落实种粮惠农政策、实施科技增粮等措施，力保粮食产量稳定。通过调整粮食种植结构，大力推广马铃薯、魔芋、青贮玉米等特色粮食种植，发展深加工，丰富了粮食市场供应。

粮食总量稳定增长。2004年贵州粮食产量为1 149.6万吨，2018年为1 059.7万吨，这期间的14年里，除2011年大面积旱灾

---

① 水城县于2020年改设为水城区。

导致粮食下降到876.9万吨，其他年份产量都在1 000万~1 200万吨，波动系数基本在10%以内，增产贡献主要来自玉米和马铃薯，玉米产量由2003年的334万吨增加到2017年的441万吨，马铃薯产量由2003年的142万吨增加到2016年的242万吨。云南粮食产量则不断上升，总产由2004年的1 509.5万吨增加至2018年的1 860.5万吨，增长了40.9%。**其中粮食总产增加的贡献主要来自玉米，由2004年的425.7万吨增加到2017年的912.9万吨，而稻谷产量减少，由2004年的639.4万吨下降到2017年的529.2万吨。**

调研的6个县（市）2018年粮食总产量214.5万吨，较2004年上升36.7%，其中贵州的普定县、织金县及水城县2018年粮食产量为71.5万吨，较2004年增长了8.0%；云南的宣威市、富源县及宜良县粮食总产达到143.1万吨，较2004年增长了57.5%。种植技术进步是确保稳产的关键，许多有效促进高产稳产的措施来源于丰富的基层生产实践。在宣威市落水镇玉米高产示范区，镇党委书记总结道，**优质品种、机耕机播、黑膜覆盖、间作套种马铃薯豆类、深耕松土以及绿肥种植是保障玉米高产的六大举措。**宣威市普立乡在玉米种植的基础上发展酿酒业、生猪养殖业，在有效稳定粮食面积的同时促进了农民增收。普定县化处镇种植大户袁道明表示，只要管理、技术到位，和市场需求匹配，玉米并非低效作物，种一季鲜食玉米，1亩4 000株，1株1个棒子，毛收入超过7 000元/亩。

特色粮食亮点突出。云贵两省利用立体气候的优势，大力推进马铃薯主食产业化，实现总产持续增长。其中贵州省面积产量稳居全国第二，云南省面积产量稳居全国第三，对稳定粮食产量发挥了重要作用。两省出台有力措施，积极发展特色粮食生产。2018年贵州省安排专项资金，用于马铃薯主食化品种研发、原原种扩繁、标准化种薯基地以及商品薯基地建设。普定县化处镇积极探索"青贮玉米+马铃薯"轮作模式和"两季青贮玉米+错季套种马铃薯"模式,收益可达 7 000 元/亩。宣威市推进马铃薯三季串换(小春、大春、晚秋)和玉米、马铃薯间套作技术以及烟薯套种技术,提高了复种指数,扩大秋荞、豆类等小杂粮种植,确保了粮食面积稳定。富源县探索的"玉米+魔芋"轮作模式,将结构调整、粮食安全和农民增收有机统筹起来。水城县推广特色红米水稻种植 1 000 亩,每亩收益可达 5 000 元,既保障粮食安全,又有利于脱贫攻坚任务的落实。

食物供给进一步丰富。云贵两省通过推广高原特色农产品,丰富了食物供给结构。织金县针对 25°以上的坡耕地,提出了种植业"5211"的产业发展思路,推广皂角 50 万亩、蔬菜 23 万亩、竹荪 10 万亩,以及其他作物 10 万亩。水城县大力发展茶树菇等特色产业,依托万亩桃林发展林下经济,通过"资源变资产,资金变股金,村民变股民"的三变模式,开辟了脱贫致富的新路径。宣威市利用当地的资源禀赋,打造花椒、水果、辣椒、中药材产业带,推进海岱刺梨、龙场苹果、西泽高效水果、杨柳花椒、务德辣椒、热水灯盏花、凤凰葡萄等特色经济作物种植。发展特色农业丰富了当地食物供应,促进了农民增收,为乡村产业兴旺奠定了良好基础。

云贵粮食产业发展既有可喜之处,又面临着挑战和问题,粮食综合生产能力存在明显短板,保持增长甚至稳定都有难度。突出表现为"两低两弱",即规模化生产水平低、机械化作业水平低、抗自然灾害能力弱、基层农业技术服务能力弱。

规模化生产水平低。云贵高原粮田耕作区主要为高山缺水的喀斯特地形地貌,土地细碎化程度高,不易实现种植规模化。织金县农业部门介绍,在当地种植面积达到 20 亩以上就算种植大户了,而且全县 1 000 多个种植大户中,仅有 100 户是纯种粮食的,规模最大的种植面积500亩，主要是马铃薯套种玉米。**宣威市的粮食生产基本是单家独户，耕地流转率仅10%**。由于没有适度规模经营，粮食生产成本和管理成本偏高。普定县化处镇水井村的董书记给课题组算了一笔账，即"种粮没什么来头"，稻谷每亩毛收入1 000元，打一亩田需要300元，加上插秧、育秧、中耕、打药、施肥、抽水等环节合计需要540元，每亩需要5个工，按照一个工70元计共需350元，所以"养儿不计饭食钱"，否则种粮算上自己工钱是亏本的。宣威市落水镇的农民杨晓华告诉课题组，他种植玉米每亩毛收入1 000元，扣除成本750元后所剩不多，自己的工贱卖给自己。

机械化作业水平低。目前机械化作业主要集中在耕地环节，播收还主要依靠人力畜力。2018年织金县、宣威市和宜良县的粮食机械化率分别为15%、30%和52%，远低于全国粮食80%的平均水平。普定县化处镇水井村村民王顺斌讲，由于土地破碎、规模狭小，没有太适合的机械，目前只在整地环节使用了微耕机。云南省农业科学院肖植文研究员指出，**要想在云贵高原山区提高农业机械化率，机耕道建设是短板**，而机耕道建设属于交通、农业、地方"三不管"的真空地带，加强机耕道建设，属于花小钱办大事。

抗自然灾害能力弱。云贵两省农业基础设施薄弱、农田水利不配套，**贵州有效灌溉面积比重仅为24.7%，云南为29.8%**，分别位列全国倒数第一和倒数第五，远低于为50.3%的全国平均水平。据云南省农业科学院肖植文研究员介绍，云南粮食亩产500公斤以下的低产田高达4 797.9万亩，占耕地面积的将近一半，而且玉米、马铃薯等粮食作物又大多被挤压到中低产田上，这些中低产田受自然灾害影响大，产量不稳定。水城县农业农村局工作人员表示，如果这些中低产田能真正做到旱能灌、涝能排，一亩地增产几百斤不成问题。织金县发展和改革局的工作人员也提到，工程性缺水是当地粮食高产、稳产的重要制约因素。富源县农业部门反映，目前农田基础设施建设补贴标准较低，仅为1 300元/亩，要真正实现土地平整、机械耕作、旱涝保收，至少要4 000~5 000元/亩的投入。虫害和霉变问题是影响粮食生产的重要因素，尤其云南省是外来生物入侵的第一站，草地贪夜蛾、黏虫、蚜虫、螟虫轮番来袭，虫害防治形势非常严峻。宣威市的一种业公司表示，一旦不打药，粮食就会严重减产。有的人家外出后疏于管理，虫害严重，而统防统治可以显著降低虫害管理成本。近年来玉米霉变问题突出，由于当地缺乏仓储和烘干设备，普遍采取自然晾干玉米的方式，赶上雨水后极容易发生霉变。**宜良县饲料产业园区企业反映，本地玉米黄曲霉毒素超标50%以上，因猪对毒素非常敏感，他们做猪饲料基本不采购当地玉米，所需玉米主要从黑龙江、内蒙古等地调运。**

基层农业技术服务能力弱。规模经营程度低与农业技术人员匮乏、社会化服务水平跟不上有关，农业技术推广工作体制机制存在障碍，技术推广面临"最后一公里"的难题。在织金县，脱毒种薯比普通种薯增产30%，而当地不少农户种薯还使用自留种子。据普定县农业农村局反映，一般乡镇农技站13~15个编制，但是没有把主要的技术力量都投入到农业技术推广中，只有2~3个人在做农业的事。织金县农业农村局说，**乡镇农业技术人员隶属乡政府，农业农村局无法左右农技人员的业务，乡镇农技推广人员大部分被抽调从事党委政府中心工作**。宣威市宝山镇农业综合服务中心主任陈兴片认为，农业生产以承包农户为主体，土地细碎化严重，农技服务力量与分散小户的经营需求不成比例。同时，乡镇农技站补充聘用人员主要是非农专业的大中专生和退伍军人，人员素质参差不齐，有过农技专业背景的也存在知识老化，多年得不到系统培训。

二、两省不可逆转地从产销平衡区滑向销区，粮食保障机制亟待强化

21世纪以后，中央对粮食安全高度重视，2003年12月财政部印发的《关于改革和完善农业综合开发若干政策措施的意见》，根据各地主要农产品产量等主要指标划定粮食主产区。2004年全国农业和粮食工作会议上进一步划定了粮食主产区、产销平衡区和主销区。根据当时的粮食生产和供给情况，云南贵州被划为粮食产销平衡区，经过十多年的发展变化，两省粮食自给水平不断下降，根据测算，贵州自给率从2003年的85.5%下降到2018年的53.4%，同期云南从100.7%下降到69.8%，下降最多的还是口粮。

粮食产需缺口逐年增加。随着人口增长、养殖业发展和城镇化率提高，云贵粮食需求量显著增加，产量增长赶不上消费增长。从普定县小青山农贸市场经销商的反映来看，这两年本地稻谷产量下降，扣除农民自留口粮外，只有很少部分能进入市场流通。一位贾姓经销商介绍，本地产的双普米数量太少，全县人吃两天都不够。当地粮食主管部门也表示，普定县已从过去粮食产需基本平衡转向粮食供给偏紧，目前口粮消费缺口达46%。织金县是人口大县，过去高度重视粮食生产和口粮供应，现在自给率也明显下降，据该县金星粮食购销公司总经理张进介绍，织金县20世纪50年代还有商品粮输出，60年代转为输入，十多年前粮食自给率仍有80%，现在仅为58%，其中口粮自给率更低。按照全县常住人口70万、每人每年150公斤计，需口粮10万吨，但自产稻谷3.2万~3.5万吨，自给率仅为35%。水城县过去主要吃玉米，农

业农村局负责人说当时产量基本能够自给，现在改吃大米，但本地水稻产量仅1万吨。宣威市是云南省粮食生产先进市、全省粮食第一大县（市），但粮食局刘桂华局长反映宣威市其实也是缺粮大市，全县粮食总产大致仅够生猪饲料用量，口粮95%以上外调。富源县大米占主食的80%，农业农村局负责人表示，受水改旱影响，当地稻谷种植面积和产量锐减，从过去的稻谷产销平衡区演变为销区。宜良过去有"滇中粮仓"的美誉，但如今农民种粮的很少。从调研看到，六县（市）中不论是粮食生产大县还是生产小县（市），自给程度均不同程度下降。

粮食调入数量居高不下。由于粮食产不足需，云贵粮食调入数量不断增加，对外依赖程度越来越高。课题组清晨5:00到普定县小青山农贸市场调研，贾姓经销商告诉我们，当地销售的几乎100%都是东北米，合汇商埠老板也表示目前本地"**老百姓米袋子、饭碗里装的全都是东北米、河南面**"。调研发现，市场中有相当一批是近年来新涌入的经销商，合汇商埠就因市场预期见好于2019年5月成立公司，走向公司化运作东北米。据他讲，随着粮食调入规模增加，还会有新的粮油经销商纷纷加入。织金县的粮食综合产业园负责人介绍，当地70%以上的粮食需要靠市场调节。根据金星粮食购销公司总经理张进估计，织金县每年需要从省外购入粮食30万吨，主要来自东北地区和河南、湖北、湖南。香腾绿色食品有限公司相关人员也反映，他们从2015年以后大规模采购东北大米，本地稻谷仅占原料的5%，而目前粮食购入数量还在不断增加。水城县城镇居民手中每斤米就有6两来自当地永恒米业公司。而据此公司负责人介绍，他们2018年销售的9 000吨大米全部来自东北。宣威市粮食局刘桂华局长表示，当地消费的大米和面粉99%从黑龙江、吉林、安徽、湖北等省调入。富源县领导介绍，每年有70%的大米需要从县外和省外购进，购入6万吨。当地精粮坊米业公司70%的货源来自东北,他们承担的县级大米储备也几乎全部来自东北。宜良县除了极少部分优质大米以外,口粮甚至饲料粮也以外省购入为主。六县(市)粮食调入数量不断增加的现象是云贵两省粮食对外依赖程度不断提高的真实写照,从总量上来看,2012—2017年间贵州粮食调入数量从367万吨增加到461万吨,年均增长4.7%,估计2018年增至598万吨;2007—2017年间云南粮食调入量从205万吨增加到444万吨,年均增长8%。

长距离大规模的流通机制不畅。两省粮食调入规模越来越大,但主要是依靠市场自发形成的小规模分散流通机制,中转仓储设施比较落后,不能满足日渐增长的运输和分销需求。普定县粮食局工作人员表示,当地没有规模性的粮食经销商和粮食转换企业,所需粮食基本是由个体户在贵阳、安顺等地进货,零星销售。"北粮南运"纵跨整个中国,铁路运力在冬季冰冻等特殊情况下充分暴露问题,普定县小青山农贸市场的合汇商埠反映,**夏季从东北运粮一般需1周,冬季冰冻、运力紧张则需要2~3个月,他们不得不从11月就开始囤粮**。受省内高山丘陵地形制约,缺乏高效顺畅的物流分销体系,织金县金星粮食购销有限公司总经理张进回忆,在2008年冰冻灾害期间,老百姓恐慌抢粮,他们不得不依靠警车开路,一路撒盐化冰雪从平坝区调粮,时间和运费是平时的5~6倍,恶劣交通条件成为粮食稳定供应的"肿瘤"隐患。织金县富勇粮油和信军粮油批发部的负责人反映,过去织金县有火车货运站时,从火车站到工厂的运费仅需20元/吨,支线火车站取消后从安顺市接货后的汽运成本高达100元/吨。另外,调研发现两省粮食经销商大多没有像样的仓储设施,普定县小青山农贸市场的多位经销商反映,**夏季存粮容易长虫,由于没有合适的仓库,他们大概半个月调一次粮,随进随卖**。除了私人仓储以外,国有仓储设施情况也严重老化,不容乐观。织金县粮食局介绍,当地地方国有企业仓容2.8万吨,完好仓容只有2.1万吨,其余都是需大修或待报废的仓库。普定县部分国有粮食仓库仍靠木梯、绳索上下。宣威市大部分储粮设施还是20世纪五六十年代建设的"苏式仓、马步梁",粮食局刘桂华局长估算修葺和新建仓库需要1.9亿元,目前中央、省级拨款和自筹资金仅7 060万元,连零头都不到。很多地方国有粮库历史包袱沉重,织金县金星粮食购销有限公司有在岗职工35人、内退28人、遗属57人、退休人员高达247人,维持运营困难,体制机制僵化问题仍未破题,难以承担调控市场的功能。

以上情况表明,云贵两省正在从粮食产销平衡区退化为销区,退化趋势正在加快,退化程度不断加深。造成这一演化势头的原因是多方面的,除了粮食综合生产能力普遍不高制约产量增长以外,还与两省加大生态建设、退耕还林还草有一定关系。云贵生态环境脆弱、土壤侵蚀严重,是全国退耕还林工程的重点区域,大面积生态修复在一定程度上缩减了两省粮食种植面积。但是,**对粮食安全认识有偏差,结构调整与脱贫攻坚没有有机对接,也是形成这一局面的原因之一。**

在粮食安全认识上,中央对产销平衡区确保粮食生产稳定、实现区域粮食供需基本平衡的要求是明确且一贯的。从云贵两省实际情况看,立足区域内努力保持粮食较高水平自给是有潜力的。从课题组调研的情况看,基层干部和农民群众的种粮积极性普遍下降,粮食生产投入不足。普定县粮食购销有限公司领导感叹:**"计划经济才重视粮食,市场经济后不重视粮食,扶贫攻坚后更不重视粮食。"** 宣威市农业农村局负责人反映,从2017年开始,用于粮食高产创建扶持资金在减少,而现在已无与技术相关的扶持资金,抓粮食生产的基本条件逐渐弱化。普定县化处镇水井村村民王顺斌说道，村民们都认为"种粮没什么来头"，和他一样40多岁的人几乎都外出务工了，各家能改种经济作物的都尽量改了，不合适种经济作物的才种水稻，估计再过10年就没人能种粮了。全国最美农技员、宣威市宝山镇农业综合服务中心主任陈兴片反映，相当部分瘠薄荒凉边远地块被遗弃撂荒，甚至好田好地也被撂荒。他在工作中了解到一位农技人员下乡指导春耕生产，动员村干部把自家撂荒土地耕种上，但村干部振振有词："**地我不种，如果要种，我出两百块钱倒贴给你种。**"农技人员哑口无言，尴尬地终止劝说。他感叹，现在撂荒现象突出，甚至有愈演愈烈之势，调动农民积极性迫在眉睫。

同时，一些地区在脱贫攻坚、产业振兴中片面强调粮食种植效益偏低，使得结构调整中粮食面积大幅度调减。**玉米和马铃薯已经成为过去十几年粮食稳定和增产的主要作物品种，口粮水稻总体减少。贵州2019年大面积调减玉米，云南也面临玉米结构调减压力，照这种趋势发展，意味着两省2020年和今后粮食产量会由稳定转向减产。这种政府部门主动的引导和作为会进一步加重目前供销失衡的局面。**课题组在贵州了解到，一些地方把玉米当作低效作物，在传统玉米优势种植区和难以替代的玉米产区也改种其他作物。基层同志告诉课题组，民间盛传"吃玉米代表贫穷""要致富，铲掉玉米是出路"，粮食生产与脱贫攻坚在无形中被对立起来。一位种业公司负责人感叹："现在所有人怕粮食、恨粮食。"另一位种子公司负责人告诉课题组，贵州省一些地方"种玉米，所有补贴就没了"，农民就转种特色经济作物。该公司专门针对贵州研发的玉米品种过去每年能卖1 000多吨，现在只能卖几百吨。根据种业公司分析，云南省玉米面积近两年来下降10%左右，贵州省可能减少50%。**有的地方号召调减玉米改种经济作物，实际上首先被调减的都是灌溉条件好、坡度平缓的坝区稻田。**普定县化处镇号召大力发展韭黄产业,水井村农民抱怨:"过去我们种植水稻,现在盲目跟风改种韭黄,因稻田地势较低,韭黄都被淹了。"

三、双向发力,加大主产区支持、强化销区责任,巩固国家粮食安全保障体系建设

云贵粮食生产情况和供求关系变化以及映射出的问题带有普遍性,进入21世纪以来,全国11个产销平衡区粮食自给率总体处于下降通道,不少省份加速滑向销区。2003年,11个产销平衡省份平均自给率为97%,到2018年除新疆和宁夏继续保持高水平自给外,剩下的9个省份平均已下降到58.5%,下降了38.5个百分点,其中青海粮食自给程度(31%)已经接近主销区的海南(28.6%)和天津(24.9%),重庆粮食自给率下降幅度最大,由116.2%下降到63.1%,下降了53.1个百分点。

实际上,其他粮食产销平衡区也面临非常类似的问题。甘肃省的口粮安全,一半靠生产,一半靠流通,端牢"一碗面"和"一碗米"的任务仍然艰巨。近年来甘肃省每年从中亚国家购进粮食50万吨,从黑龙江、吉林、河南等主产区外购小麦100.5万吨、大米70万吨。其中兰州市是全国36个粮食敏感大中城市之一,大米、面粉、食用油三大粮食主要品种完全需要从粮食主产区购进,农村用粮已产不足需。而甘肃省"三分山、三分沙、三分草、一分田"的自然约束,加上农田基础设施薄弱,粮食高产稳产仍是问题。**陕西省粮食自给率仅为80%左右**,每年小麦30%、大米50%、食用油70%需要从省外采购或通过国际市场进口。随着城镇化、工业化进程,粮食产消缺口逐年增加,每年基本都在200万吨

以上。目前，陕西省存在现代粮食物流尚未成型、整体物流成本高企、粮食应急保障能力较弱等问题，粮食流通能力现代化水平不高已经成为其粮食流通领域亟待破解的瓶颈。山西省有"杂粮王国"的美誉，但"产粗吃细"，小麦、稻谷等口粮严重不足，自给率不到50%，食用油对外依存度高达80%以上。2018年，山西全省小麦消费约550万吨，缺口约300万吨；稻谷消费115万吨，需全部从省外调入；食用油年消费量约75万吨，缺口约65万吨。此外粮食应急供应网点、加工企业、配送中心的认定与管理不规范，政策与资金支持不足，供应能力与服务质量堪忧。广西壮族自治区的稻谷播种面积、产量逐年递减，其他粮食作物产量较稳定，但无增幅。人均粮食消费量早在2012年比人均占有量高出近1/3，对外省的依赖程度高，存储粮将近一半得从外省调入。2017年，全区外采购调入粮食1 366万吨，同比增加29.5%。当地粮食供需形势变化，一方面与工业化、城镇化加快推进，稻米价格低迷、国家水稻最低收购价格略有下调，农民种粮积极性普遍不高，农村土地"非农化""非粮化"趋势加剧密切相关；另一方面，也与粮食种植结构的调整，休耕轮作的实施，粮食库存消化进程的加快，价格形成机制的完善有一定关系。

粮食产销平衡区向销区滑落有客观原因，也有对粮食安全保障认识不足的因素，特别是在主产区大幅增产、全国粮食连续获得14年丰收、总量基本平衡的形势下，产销平衡区粮食生产压力减小，对国家和粮食主产区依赖增加。**长此下去，不仅会导致产销平衡区粮食综合生产能力不断下降、区域供需平衡能力进一步削弱，而且造成粮食产业风险高度累积，给粮食"不愁吃"的长效保障机制带来重大隐患。**

加重中央政府保障粮食安全的压力。中央要求粮食产销平衡区从"力争多做贡献"到"压实粮食生产责任"，从生产平衡到收储、流通平衡,定位越来越清晰。然而产销平衡区供需矛盾加剧,不断增加粮食调入量,实际上是向中央转嫁粮食安全责任和风险,加剧地方对中央的依赖。在市场机制上会进一步收窄中央调控空间,压缩中央调控手段,不利于形成央地良性互动的粮食安全保障机制。**加重主产区粮食增产的压力。**平衡区的产销缺口会通过粮食流通转化为主产区的生产压力,加剧主产区"背着包袱抓粮食,抓了粮食背包袱"的恶性循环。**平衡区将粮食视为"低效作物"进一步调减,是将更多的发展机会留给自己,将发展成本转嫁给主产区。**这种做法实际是剥夺了主产区的发展机会,对主产区是不公平的。**加重粮食跨区域流通的压力。**大规模粮食调运使粮食流通压力骤增,在政府流通调控机制不完善的情况下,小规模分散的流通体系、传统落后的仓储设施放大了流通风险。**在水城县米箩镇海拔3 000米的盐井山上,一位正在猕猴桃园打工的农民告诉课题组,他家5亩粮田被流转种果树了,一日三餐的口粮靠集市购买,从家里到集市翻山越岭要走3个小时。现在米箩镇不产米了,集市上的大米都来自6 000公里以外的黑龙江。这里的农民千里运粮、百里买粮,这其中可能出现的不利气候、突发灾害是难以预料的,手中的饭碗不知将面临多大的风险。想到此,调研组成员不禁心中一惊、不寒而栗。**

2020年是脱贫攻坚的收官之年,也是全面建成小康社会的决胜之年。从现在看,实现现行标准下农村贫困人口"两不愁三保障",特别是粮食"不愁吃"的目标可望如期实现。但是"不愁吃"的保障机制还存在明显短板,亟待补齐和巩固。2019年7月,中央全面深化改革委员会第九次会议上直击相关领域的短板和痛点,习近平总书记强调,要紧密结合"不忘初心、牢记使命"主题教育,推动改革补短板、强弱项、激活力、抓落实,这是直指中国经济社会发展的不平衡、打赢脱贫攻坚战、决战全面建成小康社会目标作出的重大战略部署。从全局看，农业尤其是粮食存在的问题仍然是全面建成小康社会的短板和弱项，切实增强粮食安全观念、提升粮食综合生产能力、建立稳定的"不愁吃"长效保障机制，将是2020年农业农村工作需要研究的重大命题。要进一步贯彻习近平总书记扛稳粮食安全重任的指示精神，从组织领导和政策措施两头推动，从粮食主产区到销区双向发力，加强粮食安全保障体系建设，夯实国家粮食安全战略根基。

把粮食区域保障上升为国家粮食安全战略。粮食消费具有广域性、公共性和不可间断性，保障粮食安全不仅是中央的责任，也是地方的责任。扛稳粮食安全重任，就要强化粮食安全省长责任制考核，以省级行政区域为基本单元，提升区域的粮食自我发展保障能力。近几年来，中央对粮食区域的要求和政策没有得到很好落实，对各地粮食保障水平的变化没有严格考核，一些不利于粮食区域平衡的苗头和问题也没有及时消除。**为此，建议把粮食区域保障要求上升到国家战略上来，分区研究加强粮食生产能力建设，明确各自在粮食安全保障方面的责权利**。主产区要多产粮、多贡献商品粮，为国家粮食安全挑重担。销区要确保一定的粮食自给水平，以2006—2008年自给率为基数，设定自给率考核标准。平衡区要立足实现农村人口或城乡居民口粮完全自给，饲料用粮、工业用粮依靠市场调剂。将这些指标纳入全省粮食发展目标，通过粮食安全省长责任制予以考核落实。

提升销区和平衡区粮食流通保障能力。现有粮食储备主要压在产区，从2003和2008年的粮食抢购事件来看，这样的布局不利于保障国家安全。**流通保障能力涵盖通畅高效的运输体系、完善可靠的仓储体系、经销商主导与政府有效调控相结合的运营体系**。要加大投入，建立起产区与销区、平衡区之间高效的运输仓储系统。一方面多渠道开发仓储设施，为经销商提供租赁服务，建立共享式仓储，解决其夏季无法存粮、冬季调粮困难的问题；另一方面完善粮食购销网点体系，依据主销区的交通条件、服务辐射半径等，构建不同级别的粮食分销网点，实现粮食流通便捷、高效。同时，破题地方粮食企业经营改革难题。针对粮食行业改革遗留的老人、老粮、老账问题，要采取刮骨疗毒般的措施，由地方政府一次性兜底，把退休职工看病、遗留债务等纳入财政预算全盘系统解决，而非打补丁式地简单维系，加快地方国有粮食购销企业市场化改革与资产重组，卸掉包袱、轻装上阵，发挥其对粮食区域平衡的能力。

进一步加大对粮食主产区支持力度。 主产区承担保障全国粮食安全的责任越来越大，**中央要从顶层设计上统筹建立粮食专项发展补偿体系，着力开展中央政府向主产区一般性财政转移支付、主销区向主产区的收入补偿性转移支付，依据粮食净流入量、粮食生产资源消耗，对标全国人均 GDP 水平、农民人均可支配收入，估算"两个转移"规模。** 从人、财、物等方面完善支持粮食主产区的举措，发挥政策"组合拳"效能，充分挖掘品种、技术、减灾等稳产增产潜力。建议 2020 年在制定全面建成小康社会补短板的政策过程中，将粮田机耕道建设、粮食作物统防统治作为两个短板，出台财政支持政策，给予重点支持。中央对于主销区、平衡区的产粮大县也要同等支持。同时，要求主销区和产销平衡区对于自身的粮食主产区要增加"藏粮于地、藏粮于技"投入。

统筹粮食生产与脱贫攻坚的协同关系。 实现农村贫困人口"两不愁三保障"，其中"不愁吃"则与粮食生产密切相关，可以说粮食安全是进入小康社会的钥匙，持续稳定的脱贫必须要有稳定的粮源作保障。**粮食生产为脱贫攻坚提供了长效内在动力和外在保障，是巩固扶贫攻坚成果、防止系统性区域性返贫的最重要物质基础。** 不能将两者割裂起来，甚至对立起来，要建立起脱贫

攻坚与粮食生产的辩证统一关系。在传统粮食优势种植区，要加快补齐农田基建、统防统治、社会化服务的短板，降低粮食种植成本，同步推广优质品种、绿色高效种植模式，提高粮食生产收益。做大做强薯类、青贮玉米等特色粮食作物，发挥其高产优势，实行区域内粮食品种统一化、专用化和优质化，为脱贫攻坚和乡村振兴提供有力的产业保障。有条件的地区，发展以地方优质特色品种为主的绿色生态粮食产业，主打品质牌，以优质优价拓展农民增收和产业兴旺渠道。

全面深化改革粮食政策。我国粮食政策体系急需深化改革，理顺关系，重构体制机制和政策体系。建议有关部委尽快组织研究，提出系统性粮食安全保障方案，报送中央深改委审议。要以习近平新时代中国特色社会主义思想和国家粮食安全战略为指导，深化改革，破除资源流动的体制机制障碍，以市场确定资源流动方向，倒逼国内粮食生产转型和技术优化，增强国内粮食竞争力。以更为市场化的补贴、信贷、保险等措施，将政策保护退居幕后，真正发挥政府调控和引导作用。

执笔人：普蓂喆、牛坤玉、刘明月、张宁宁、秦　朗、钟　钰

课题指导：陈萌山、袁龙江

经济发达主销区也要保持粮食基本自给水平

——基于闽粤两省五县（区、市）的调研

【摘要】 通过对闽粤两省五县（区、市）的调研发现，政府高度重视粮食安全、不断优化提升粮食品质、培育出新耕作制度新技术和新业态，两省粮食"不愁吃"的目标可望如期实现。但两省粮食生产没有呈现与全国同步的恢复发展态势。要站在国家粮食安全战略一盘棋的高度统筹安排，建议销区口粮自给上升为国家粮食安全保障战略，发挥科技创新的支撑和引领作用，加快提升粮食生产机械化规模化，巩固扩大粮食产业园成熟模式，挖掘粮食增产增效广阔潜力，促进粮食动态收储"两个对接"。

为深入了解我国经济发达的主销区粮食产销形势变化，研究如何建立主销区的粮食保障机制，中国农业科学院"中国粮食发展研究"课题组于2019年11月下旬至12月上旬，专门到闽粤两省开展调研。课题组先后到了福建三明尤溪县、南平建瓯市和广东惠州惠城区、佛山高明区、江门蓬江区，与市县乡村的干部、技术人员、合作社负责人、种粮农户广泛交流，走访了14家粮食加工企业（经销商）、17家粮食合作社（种粮农户）、6个地方粮食储备库，召开了8次座谈会，并与两省农科院有关领导专家交换了

意见。课题组白天在寒风冷雨袭来、冷暖频繁交替中调研，晚上会商，行程4 839公里，没要求地方提供材料、提供汇报，主要采取深入基层面对面访谈，直接接受访谈的达85人。总的来看，进入21世纪以来，**闽粤两省高度重视粮食安全**，但在经济高速发展和城镇化加速推进的背景下，粮食生产没有呈现与全国同步的恢复发展态势，面积和产量持续下降，自给水平下降更多。可喜的是，水稻单产稳定提高，优质稻比重连年增加，市场购销旺盛，基本上满足了城乡居民的口粮需求。特别是形成了既增产又增效的水旱轮作、立体种养模式；既坚持稳定土地承包关系，又有多种形式的全程托管、环节托管、流转经营等一批粮食生产能力建设、粮食生产方式变革的创新模式和典型做法，为研究构建我国主销区粮食保障战略提供了有益的借鉴。

一、粮食产业涌现出一批新业态、新农人、新样板

闽粤两省高度重视粮食安全，推动"藏粮于地、藏粮于技"落地，把握产业规律做活粮食经济发展大文章，通过优化提升粮食品质、培育新型经营业态、推广生产新模式和新技术、创建现代粮食产业园等措施，提升了粮食产业化水平。

政府高度重视粮食安全。两省积极落实国家粮食安全政策，陆续出台了针对地方实际的支持举措。福建每年投入2 400万元实施水稻绿色高产高效创建项目，补助种植大户、家庭农场、农民合作社等主体的物化投入、社会化服务和技术推广，以推进生产规模化、管理标准化、经营产业化。尤溪龙洋农机专业合作社社长告诉我们，2018年合作社获得水稻绿色高质高效创建项目补贴66万元，利用项目补贴抵扣对农户应收的托管费用，收割费用从

150元/亩降到110元/亩，机耕费用从100元/亩降到60元/亩，直接让利给农户，密切了农户和合作社的联结关系。广东提高种粮补贴额度，佛山高明的种粮补贴为500~600元/亩，南海种粮补贴达到800~1 000元/亩，远超出全国100元/亩左右的平均水平。同时，两省认真落实地方储备任务，探索政企合储、动态轮换、储加联动等模式，提升储备粮运作水平，储备规模完全达到国家要求，甚至还超过储备标准。按照尤溪13万的人口基数、每人每月15公斤、保证3个月市场供应量来算，储备规模约为8 000吨，但县级储备实际存储11 200吨。惠州把部分市级储备粮承储任务委托给规模大、信誉好、实力强的民营企业。当地粮食部门负责人告诉我们，政企合储模式能减少政府建库投入，也不需要承担轮换的价差亏损；民营企业在保证100%库存量的前提下，可以按照品质和市场需求收购、随市轮换，保证粮食品质。江门创新储备粮轮换方式，实施储加联动，储备库与加工厂同址建设，轮出粮与企业需求无缝对接，便于动态轮换，更能在关键时刻发挥应急效果。

不断优化提升粮食品质。两省科研单位创出了一批新品种、栽培技术，在农业供给侧结构改革中发挥了很好作用。广东成立丝苗米产业联盟，通过整合高等院校、科研机构和企业等各方资源，形成了丝苗米科研生产加工的一体模式，制定发布了丝苗米品种标准、产品标准等，带动优质稻发展。2018年广东优质稻率达到74.6%，当地人爱吃当地米，为口粮实现自给奠定基础。建瓯推广农科院所最新研制的南方籼稻和籼粳杂交优质品种，2019年全县优质水稻占比超过90%。福建省建瓯市坡田粮油发展有限公司总经理告诉课题组，以往普通稻米不畅销、市场受挤压，现在种的优质稻，卖到4~8元/斤的价位还供不应求，未来会进一步扩大规模。同时，两省以水稻全程机械化作业、病虫害统防统治绿色防控等关键技术为核心，集成一套高质高效、资源节约、生态环保的技术模式,推广稻田养鱼、烟—稻轮作、菜—稻轮作等耕作模式,提升粮食品质,带动增产增收。

培育出新型经营的业态。 尤溪县洋中镇龙洋农机专业合作社针对农户个性化诉求,提供菜单式服务,既有全程套餐托管服务,也有浸种、治虫、烘干、碾米等环节单点服务,作业面积2 200亩,现在周边村民越来越认可,该合作社打算2020年把周边村落全部覆盖。广东香山米业商贸有限公司直接入田收购、运送,有效缓解老龄化以及在外返乡收粮问题,把加工车间办在产地服务农民;拥有23辆移动粮车,送货上门,居民反映"送货比顺丰还快",把产品销在产地、服务居民。返乡创业的新农人不断涌现,他们用热情、思路、技术、干劲推动生产经营向信息化、市场化、现代化迈进。惠州市家粮农产品农民专业合作社理事长楚善芳原在省城做生意,2015年返乡种粮,现带领100多位专业大户,经营面积超过3 000亩。建瓯市建豪粮食有限公司老板的儿子是位"80后",勇于探索新型信息化网络销售方式,正与阿里巴巴合作,开展线上电子商务交易。建瓯市瑞鑫粮食专业合作社33个社员中有27个是"80后",理事长机电大专毕业,把现代企业经营理念融入合作社管理中,机手持股激发积极性,机手农机双保险,避免农机作业意外事故带来损失。

耕作新制度、新技术春笋般涌现。 闽粤借助沿海开放优势,不断创新粮食经营模式。广东海纳农业有限公司探索种养一体、立体种养模式,冬季收稻后灌水养鱼,到来年再次播种前可以收4次鱼,水稻收益占四成,鱼占六成,实现"千斤稻、万元田"。公司负责人告诉课题组,这种模式比单独养鱼收益还要好,水稻为鱼提供丰富的天然饵料和良好的栖息条件,鱼又清除田里的杂草、害虫,鱼粪为水稻增加肥料,形成良性的生态循环。利用丰富的光热条件,建瓯市瑞鑫粮食专业合作社积极探索水稻+菜花(西蓝花）的水旱轮作模式，实行多季连种，2018年人均蔬菜收益达到20多万元。另外，闽粤生产主体和技术支撑单位深度融合，用先进技术提升种粮效益。佛山种粮大户梁庆斌在广东省农业科学院的帮助下，用成熟技术打造富硒米，适应城乡居民吃得健康、吃得营养新需求，把农产品变礼品。广东省农业科学院两位专家常驻广东海纳农业有限公司惠州基地，指导作物布局和田间管理，提升产业园科学耕作水平，提高多产联营综合效益。

创建现代粮食产业园。建设现代农业产业园是实施乡村振兴战略的重要抓手，广东将其列入省政府重点工作和省重点建设项目，每年印发现代农业产业园建设工作方案，计划于2018—2020年投入100亿元建设200个省级现代农业产业园。丝苗米是产业园的青睐对象，2018年梅州蕉岭、惠州龙门、惠州惠城等7个丝苗米产业园成功入围，占当年全部产业园数量的14%，成为单品种入围数量最多的。省财政直接对丝苗米产业园承建主体补助5 000万元，克服了以往层层下拨、效率不高的不足，增强了企业建园入园的主动性。佛山的现代粮食产业园面积1 600亩，辐射带动优质粮食种植6 500亩，开创了政府引导、市场主导、企业运营、农民受益、共享发展的创新建设模式和管理机制。惠州惠城区丝苗米产业园形成了"一心（丝苗米产业园核心）、两区（三产融合发展示范区、丝苗米原料生产区）、一聚落（产村融合发展聚落）"的空间结构，实现优质丝苗米全产业链转型升级。

二、闽粤地区粮食生产面临的问题既有特殊性，也有普遍性，保粮稳粮任务艰巨

闽粤地区粮食综合生产能力低于全国平均水平，更低于主产

区，面临粮食补贴政策不精准、涉粮资金整合不充分、国有粮食储备体制僵化、人才外流等与主产区相似的共性问题。同时，也有其特殊性，在经济发达、城镇化水平高的珠三角地区，相比其他产业，粮食比较效益更低，稳粮压力更大。

粮食综合生产能力提升缓慢。进入21世纪以来，闽粤稻谷面积和产量双双持续下降，单产以及机械化程度低于全国平均水平。闽粤稻谷面积从2000年的122.2万公顷和276.4万公顷下降到2018年的62.0万公顷和178.8万公顷，分别下降49.3%和35.3%；产量从2000年的632.8万吨和1 423.4万吨下降到2018年的398.3万吨和1 032.1万吨，分别下降37.1%和27.5%。闽粤地区粮食生产"两高两低"的问题突出，即中低产田比例高、土地细碎化程度高、农业机械化水平低、单产水平低。尤溪、建瓯中低产田比例分别高达70.0%和76.1%，尤溪农业部门表示，如果进行中低产田改造，现有粮田单季亩产能达到600斤/亩以上。农业部门形容当地耕地的细碎化状况为"眉毛丘，斗笠丘，蛤蟆一跳跳三丘"，耕地细碎进一步带来土地流转难度增加、规模化水平不高。建瓯市30亩以上的规模种植面积仅占8.4%，江门50亩以上的规模种植面积仅占10.0%，田块不集中进一步制约了机械化。尤溪农机中心反映，由于田块分散，机械化发展难。在机械化方面，2018年，广东单位耕地面积农用机械总动力为4.63千瓦/公顷，低于全国7.20千瓦/公顷的平均水平，位列全国第19；福建仅为0.77千瓦/公顷，位列全国倒数第三。2017年，福建水稻机种、机插、机收面积占总播种面积的比重分别仅为25.0%、25.0%、76.2%，广东分别为17.7%、17.6%、91.5%，大多低于全国47.5%、47.2%、88.5%的平均水平，更低于主产区57.5%、52.9%、91.9%的平均水平。惠州横沥镇水稻种植大户甘志康、肖国民和楚善芳纷纷反映，发达地区种粮拼的是设备和技术，人工种粮基本是亏损，由于规模不够大，贷不到款，买不起农机，目前他们种粮仍主要靠人工。惠州市惠城区盈佳甜玉米专业合作社的总经理林泽权谈到，机械化水平关乎粮食安全，没有机械推广，种地的会越来越少，撂荒会越来越多。闽粤水稻单产分别为834斤/亩和772.8斤/亩，在全国31个省份中分别位列倒数第8和倒数第4，低于全国940斤/亩的平均数。调研的5个县（市、区）建瓯市、尤溪县、江门蓬江区、惠州惠城区和佛山高明区的水稻单产水平分别为884斤/亩、1 064斤/亩、696斤/亩、692斤/亩和800斤/亩，有4个低于全国平均水平。**显然，两省粮食综合生产能力提升速度要慢于两省在其他领域的发展速度，与其相对发达的经济发展水平形成明显落差。**

种粮比较效益低、挤压效应更为凸显。广东、福建等销区经济发展程度高、产业选择余地大。佛山市农业农村局负责人告诉课题组，在佛山蔬菜、鱼塘的经营效益3万元/亩，花卉4万~5万元/亩，而粮怎么种都超不过2 000元/亩，只能更多靠行政手段稳定种粮面积，南海过去是粮食高产区，1997年的全国早稻"五化"现场会就在南海召开，现在则遍地是花卉，仅剩下1万余亩粮食。种粮大户甘志康表示，现在种粮无非图两点，一是老人在家没事做种点口粮，二是粮食作物与蔬菜轮作防止病虫害。尤溪县洋中镇龙洋农机专业合作社李名旺反映，种粮基本上不赚钱，主要是地租侵蚀了政策红利和市场红利，土地流转费用高达1 050元/亩，该合作社的流转面积已从2017年的500亩减少到200余亩。尤溪县耀旺农机专业合作社也从2018年的800亩降至400亩，合作社负责人周开跃告诉课题组，"农民就是赚个放心米，合作社赚个农机钱"，他主要通过烟草和水稻轮作，用烟草赚得的利润来弥补水稻低效益。由于比较效益低，水稻都被挤压到了中低产田。课题组从建瓯市建豪粮食有限公司的工作人员了解到，农民好田种菜、劣田种稻。此外，广东省农业农村厅一位处长提及，省里已经把资金整合的权利下放到了县市一级，而由于比较效益低，粮食生产往往得不到地方政府的优先支持。可见，经济发达地区要稳定粮食面积和产量，面临困难更大。

粮食政策力度不足、精度不够、整合不到位。 2019年3月以来，课题组先后走访6个省份，发现各地高标准农田建设普遍存在资金配套不足、亩均建设投入偏低的问题，虽然完成了国家规定的面积指标，但有的工程质量堪忧。高标准农田建设要完成道路工程（机耕路）、灌溉排水（节水灌溉）、农田输配电工程、土壤改良平整、农田防护与生态环境保持工程、科技服务及建后管护等全套项目，每亩至少要投入3 000元，但实际过程中很难达到这样的投入标准。尤溪县农业农村局反映，目前资金分块管理，同样是农田基础设施建设，发改的粮食生产能力建设项目、水利的灌区项目、农业的高标准农田建设项目、国土的土地整理和土地复垦项目均有涉及，资金难以有效整合，使用效率不高。建瓯市农业农村局也反映，2018年以前高标准农田建设资金由省农业综合开发办下发，亩投资3 000元，且市县一级不用配套，从2019年开始由财政部门与农业部门联合下发，亩均投资标准降为1 600元/亩，其中国家补贴1 000元/亩，省级配套420元/亩，市县配套180元/亩。同时，发展改革部门下发的千亿斤粮食产能规划田间工程建设项目，亩均投资标准为1 307元/亩。这两个项目要按照各自的任务要求完成建设内容，虽然建设面积大，但由于资金投入标准低，刚建成的高标准农田，往往不到3年就坏了，反而造成财政资金浪费。因此，高标准农田建设不应盲目追求建设面积，要建一亩是一亩。

调研中，各地普遍对补贴不精准反映强烈，尤溪县农业部门指出耕地地力补贴占到当地涉粮资金的25%，但对粮食生产激励作用弱。现在的耕地地力补贴,纯粹是给农民发红包,迫切希望由到户改为到项目,以破解目前高标准农田建设资金不足的难题。同时,农机补贴也存在类似问题。江门市农业部门反映,在平原地带使用的农业机械,在丘陵地带不一定适用,而目前的农机补贴目录,从北大荒到海南岛是一个样,应该根据区域的异质性有所区别。尤溪县农机中心说道,"好用机械不在补贴目录里,在目录里的不好用"。

农业农村人才匮乏问题同样严峻。 广东和福建的农村相比全国农村总体情况,人均收入高、人居环境好,但依然存在人才流失、不愿种粮的现象。尤溪县洋中镇领导感慨道,"基础设施好了、路通了、灯亮了,人却没了,如今就连乡镇教师、医生都没人愿意当"。尤溪县耀望农机专业合作社理事长说,"小孩整天看我们这么累,对种粮看都不看一眼"。尤溪县农机中心主任林增效对"谁来种田"的问题充满忧虑,他说现在请工只能请到55岁,甚至65岁以上的,而60岁以上的农机手无法购买工伤险和意外险,企业和合作社不敢雇用,长此下去,种田后继无人的问题会更加突出。尤溪县农业技术推广站林祁指出,农技推广队伍老化非常严重,目前推广站共有职工317人,其中50岁以上的农技推广员占42%,40岁到50岁的占36%,本科生都不愿意来基层工作,只能招到一些专业技能不高的大专生。福建省建瓯市坡田粮油发展有限公司的总经理林昌盛表示,招不到合适的管理人员和财务人员是制约目前企业做大做强的瓶颈之一。

储备对生产的引导效应没有发挥出来。 现行托市收购没有准确做到分级论价,不区分品种和专用属性,实施统一价收购。建瓯市建豪粮食有限公司的负责人陆建平说,"我们企业有十几种价格收购粮食,中储粮就一个标、一个价"。由于缺乏市场化的定价机制,往往收不到优质粮,储备库中的稻谷一般为三级稻。建瓯市万佳生态农业发展有限公司负责人叶由第告诉我们,他们企业会将普通稻谷卖给国有粮食储备企业,优质粮则留给自己加工销售。在储存环节,也存在不同品种和质量的粮食混收混储、储存期长等问题。可见,国企收粮对接的是政策补贴,收储和管理机制无法满足市场和消费者的需求,带来严重的轮换负担,而民企则密切对接市场需求,不亏还有盈利。在广东推行的粮食社会化动态储备制度给了我们很好的启示。动态储备是指政府给予一定的保管费、贴息以及轮出补贴,要求企业必须在任何时期保障库中粮食存量。广东海纳农业有限公司承担动态储备任务,其总经理告诉课题组,国企轮换的价差亏损在 1 000 元/吨左右,且亏损逐年递增,而对于他们公司来说,只要和市场有效对接,480 元/吨的保管费、贴息以及轮出费基本属于白赚。台山市粮食购销总公司一负责人告诉课题组,台山的地方储备实施动态储备机制,储备库向上直接与种植大户对接,向下直接与加工厂合作,搞活了储备,打响了品牌,在保障粮食安全的同时,创造了更高的社会价值。课题组访谈的承担动态储备的民营粮食加工企业均表示,他们的产品销售快、回款迅速,随加工随销售,快则 3~5 天,慢则 10 天之内就卖出去,货款会在一周内回收。**可见,只要监管到位,社会化的动态收储可以与国有储备相互补充、有效衔接,共同发挥保障粮食安全的作用。**

三、压实销区粮食生产的思考与建议

闽粤两省粮食生产情况在一定程度上代表着全国主销区粮食生产的普遍情况。纵观 7 个粮食主销区,其粮食自给水平均不同程度下滑,21 世纪初 7 个主销区的平均自给率为 51.2%,到 2018 年仅有17.8%。其中，下降幅度最大的为浙江，从71.4%下降到18.9%，福建从61.6%下降到24.0%，广东从141.7%下降到54.9%。相比之下，稻谷自给率下降略缓，广东从102.8%下降到65.2%，福建从115.9%下降到70.0%。实际上国家对主销区的要求是明确的、一贯的，而从两地粮食生产发展的实际效果来看，粮食调入逐年增加，给全国粮食安全保障带来了挑战、增加了压力。**国家粮食安全从来不只是几个粮食主产区、几个主产省的责任，而是全国上下通盘谋划的全局性战略，要站在国家粮食安全战略一盘棋的高度统筹安排。主产区要压实粮食安全重担、多产粮多供粮，产销平衡区要稳定粮食生产、确保区域供需平衡。主销区也要压实粮食生产责任，除京津沪外，坚持"一个基本"，就是保障城乡居民口粮基本自给。目前中央对销区粮食生产的要求更加明确和具体，粮食销区要始终认识到自身应承担的粮食生产责任，加大政策支持强度，强化政策落实力度。**

习近平总书记对2020年全国春季农业生产工作作出重要指示，强调主产区要努力发挥优势，产销平衡区和主销区要保持应有的自给率，共同承担起维护国家粮食安全的责任。充足的粮食产量与储备为应对疫情、保障社会稳定再次发挥了定海神针的作用。粮食主销区保持一定自给水平是顺应三个"需要"的必然要求。**主销区保持一定自给水平是降低自身购销风险的需要。**面对非洲蝗虫、草地贪夜蛾等病虫害侵袭，以及社会公共卫生等不确定事件，必须要稳定粮食面积与产量，赢得粮食丰收主动权。调研中，广东省农业部门和相关企业都表示，不把自己的地种好，到关键时候有钱也买不到粮，1996年台海危机、1998年特大洪水、2008年冰冻灾害等事件都表明，经济发达地区社会稳定和产业发展离不开粮食。惠州市粮食部门负责人回忆，2008年冰冻灾害对广东的教训非常深刻，当年省里派出一位副省长去主产区采购粮食，但遭遇"热情接待，要粮没有"的尴尬局面。加上当地口味爱吃当地粮，外地购销无法解决当地老百姓的消费偏好。所以任何时候，尤其是当前国内外复杂多变的新形势下，主销区都要怀着保障区域粮食安全的警觉性。**主销区保持一定自给水平是分担主产区压力的需要。**主产区扛稳粮食安全重任已经付出很大的财政代价、生态代价和资源代价，如果主销区轻视粮食自给就是把更多发展机会留给自己，将发展成本转嫁给主产区，对主产区有失公平。确保主销区一定的自给水平是全国粮食一盘棋战略布局的必然要求，是夯实农业经济基础、促进经济社会协调发展的内在基础，也是实现主产区粮食生产长久可持续发展的外在条件。**主销区保持一定自给水平是缓解生态环境压力的需要。**粮食种植具有很强的生态外溢价值，稻田有调节洪峰、保持水土、涵养水源、消纳废物的功能，1亩稻田的降温效果相当于100台5匹的空调，有助于改善区域小气候，还能减缓因地下水开采引发的地面沉降问题。**从闽粤两省的调研情况来看，主销区确保区域口粮安全完全有基础、有条件。**两省农业部门一致认为，当地经济这么发达，粮食不能丢，发展粮食生产确保口粮安全是必要的，也是可以做到的。经济发达地区在商品经济发展的夹缝中给粮食生产探索出一批新路子，通过优化提升粮食结构品质、涌现粮食生产新模式新技术、培育产业经营新业态、创建现代粮食产业园等创新举措，有效稳定了粮食生产、激活了粮食产业发展。另外，主销区农民也有充足内生动力发展粮食生产，种粮带来的稳定收入能够有效缓解经济作物的收入波动风险，粮食与经济作物轮作可以有效防止土传病害。主销区保持粮食自给仍需加力，培育推广粮食生产成熟模式和技术，结合经济发达地区的发展实际，挖掘粮食多功能性等社会外溢价值，充分利用先进的技术手段、活跃的市场经济、殷实的地方财政能力压实区域粮食安全保障能力。

销区口粮自给上升为国家粮食安全保障战略。国家粮食安全保障战略既要总领全国、统筹全局,又要根据区域经济发展程度细化地方保障战略,明确粮食安全底线。对经济发达的粮食主销区,把口粮一定程度自给纳入中央和地方考核要求,建议把稻谷口粮用途消费完全自给作为主销区常住人口粮食安全保障底线。将确保销区口粮自给的目标和发展粮食生产的相应举措,纳入地方经济社会发展长期规划,严格督办地方政府抓粮重任的完成情况,充分体现中央粮食生产政策的要求和方向。

发挥科技创新的支撑和引领作用。利用高新技术、田间试验等手段,丰富立体种植、水旱轮作、马铃薯错季冬种等基层生产实践,在点上创造可复制、可推广的产量收益双稳定模式。整合农业科研资源,组建"农科院/农业高校+政府+企业"的产业技术模式,加大新产品研发力度,延长产业链,主动适应粤港澳升级的消费需求。针对基层农技人员缺乏,探索从优秀种粮大户中遴选一批技术能人,充实壮大基层农技队伍。

加快提升粮食生产机械化、规模化。国家对主销区的产粮区也要一视同仁地给予支持,使其享受同主产区一样的政策。参照全国重要粮食生产核心区设定标准,推动主销区粮食生产能力升级。主销区地方政府要额外定向支持高产稳产品种研发、综合机械服务、高标准农田建设等关键环节。针对主销区粮食生产短板,大力推进土地流转、全程托管、环节托管等适度规模经营模式,在珠江三角洲等销区率先实现粮食规模化种植,对种植面积、服务面积达规模以上的经营主体提供奖励性补贴。利用销区高科技产业集聚的先天优势,促进粮食生产智能化、数字化、精确化,推动粮食生产科技进步贡献率大幅提高,力争"十四五"期间粮食综合生产能力达到全国平均水平。

巩固扩大粮食产业园成熟模式。现代农业产业园是集"生产+

加工+科技"于一体的综合农业新业态,是乡村产业振兴的"牛鼻子"。要总结和巩固粮食产业园发展模式,推动全国粮食产业园快速发展。设定粮食产业园奖励性补贴,支持农业设施、土地流转、产业融合、科技与信息支撑、公共区域品牌、贷款贴息等,吸引更多企业入园落地。支持企业开展集新品种新技术示范、全程机械化生产、高效生态农业、文化休闲旅游于一体的经营模式。把成熟的产业园经营模式推广复制,力争在"十四五"时期将粮食产业园培育成为主销区粮食产业发展新的增长极。

挖掘粮食增产增效广阔潜力。挖掘自然资源潜力,充分利用主销区亚热带气候光温等资源优势,提高复种指数,选取错季、特色、优质经济作物,发展品类多样的粮经、粮饲、粮鱼等轮作连作、立体种养模式。挖掘消费市场潜力,顺应销区高端消费,面向广阔的港澳市场和海外市场,开发营养稻谷、功能性稻谷、糙米、米糠等健康产品。结合本地消费习惯,开发适应本地消费口味的原粮及其加工制品,提供多样化、本地化的粮食产品。

促进粮食动态收储"两个对接"。利用主销区市场经济活力,发展政府和企业合作储备,降低政府储备成本、提高收储运作效率。坚持动态收储与市场需求紧密对接,加快轮换速度,增加品质粮食储备量,建立与市场良性互动、与消费升级相适应的收储轮换机制,确保百姓吃上新鲜粮、放心粮、营养粮。坚持动态收储与生产结构调整紧密对接,细分品级和定价,做到分级分品种收购储存,对优质品种做到专收专储,发挥收储对粮食生产结构调整的引导作用。

执笔人:牛坤玉、普蓂喆、刘明月、秦 朗、张 琳、王国刚、张宁宁、胡向东、钟 钰

课题指导:陈萌山、袁龙江、李思经

我国粮食稳定发展的机制正在加快形成

——基于豫皖赣三省六县（市）的调研

【摘要】 通过对豫皖赣三省六县（市）的调研发现，我国夏粮长时期、连续性保持增产的势头，展现的内在规律和发展趋势，正在改变千百年来靠天吃饭的传统局面，为我国粮食生产保持长期稳定发展提供了重大启示。我国粮食生产正在步入持续稳定发展的轨道，粮食安全保障机制正在加快形成。要保持住这个好势头，建议坚守立足国内战略目标，打造种粮大县财政上不吃亏、种粮农户经济上不吃亏的机制，做到夯实"一个基础"，增加"两种支持"，完善"三项补贴"。

为了解2020年粮食生产走势，探访粮食生产方式新变化和经营主体新期待，研究我国夏粮十七连丰的内在逻辑，探索保障粮食安全行稳致远的长效机制，中国农业科学院"中国粮食发展研究"课题组于2020年7月28日至8月5日，前往豫皖赣三省的滑县、延津县、怀远县、望江县、进贤县和丰城市调研。六县（市）均为产粮大县（市），是我国粮食产业发展的风向标，在我国粮食安全大局中具有一叶知秋的代表性。调研期间，课题组与市县乡村的干部、技术人员、合作社负责人、种粮农民合计122人深入交流，走访了25家粮食加工企业、经销商和农资销售主体，16家粮食合作社和种粮农户，7个粮食储备库，召开了10次座谈会，并与三省农业部门、农科院有关领导专家交流。总的来看，2020年夏粮已经丰收到手；洪涝灾害对早稻单产和品质有影响；秋粮面积增加、播种基础好，田间管理抓得紧，呈现根粗苗壮、华实蔽野、黍稷盈畴、一幅丰收的美好景象，全年粮食再夺丰收有条件有基础。课题组深深感到，在2020年新冠病毒肆虐、洪涝重袭的情况下，我国夏粮依然获得丰收，秋粮长势喜人，实属不易，呈现出许多宝贵经验与科学规律，值得认真思考与总结。

一、2020年夏粮第十七年丰收，为破解我国粮食稳定发展难题提供了重要借鉴

滑县、延津和怀远都是我国百万亩以上的小麦大县，三县一致反映夏粮面积稳定，单产提高，总产增加，品质是近年来最好的，其中滑县已连续29年实现夏粮丰收，延津、怀远连续17年丰收。三县为促进本省夏粮丰收发挥了骨干引领作用。从全国看，2020年夏粮总产2 856亿斤，比上年增产0.9%，实现了自2004年以来的第十七年丰收，这在我国历史上和世界范围内都是罕见的。美国在1975—1979年连续5年丰收，印度在1996—2001年连续6年丰收。我国夏粮这种长时期、连续性保持增产的势头，展现的内在规律和发展趋势，正在改变千百年来靠天吃饭的传统农业生产局面，这对我国粮食生产保持长期稳定发展提供了重大启示。

一是通过经营机制创新，把种粮小农户逐步纳入现代农业发展轨道。以农村土地"三权分置"变革为契机，在不改变小农户土地承包权的前提下，充分搞活土地经营权，赋予种粮大户、合

作社等新型经营主体更大的经营权能。通过发展土地入股、流转、托管等经营形式，与小农户建立更加紧密的合作关系，引入现代装备技术与管理理念改造传统小农生产方式，实现小农户与现代农业有机衔接，解决农户经营规模小、土地细碎化、经营者老龄化与兼业化等带来的挑战。

新型经营主体是先进生产力的代表，让广大小农户分享了最新农业科技装备。 河南滑县焕永种植农民专业合作社8年内更新了3代农机具，更新速度节奏远远超过小农户，为3万多亩土地提供半托管服务。当地大户黄国兴自己种了60亩地，他告诉课题组："现在有机械化，地啊好种，玩儿一样就种了，轻轻松松、不辛苦，就当锻炼身体。"**合作社引导农户科学种粮，提升产量质量，增加种植收益。** 新乡市联丰农业种植专业合作社在不流转土地、不改变农户收益主体的前提下，统一管理、统一服务、统一经营。农户说跟着合作社学到了更科学的种植方法，产量质量都上去了，卖价比一般的高0.05~0.1元/斤。**有合作社开发了多样化的经营服务，满足了小农户不同的经营需求。** 怀远县盛世兴农专业合作社有3种经营模式——自己流转300~400亩地，对2万亩开展种管收全程托管服务，对30万亩开展环节托管服务——让需求各异的农户种地省时省力。可见，即使单家独户种地也并非封闭的自我生产，凭借社会化服务模式，打通传统生产环节与现代生产要素对接通道，推动粮食生产方式深刻转变。这些充分体现出我国土地经营制度改革的创造性、现代粮食经营机制旺盛的生命力。

二是通过产业融合和要素聚集优化资源配置，把粮食生产融入现代产业体系。 通过发展综合种养一体化模式、专业精深加工模式、三产融合模式，让原粮加工增值增效，围绕主导产业带动包装、运储、金融等服务业，在一产内部、二产三产之间发展成紧密的要素和产品交换关系，推动粮食生产从自给自足向市场化、产业化转变。以规模效应、集聚效应吸引资金技术向农业、农村和农户聚集,把粮食加工建在田间地头和主产区,更好地把资源、资金留在粮食主产区,让农民成为粮食产业经济的主人,分享现代产业的增值收益。目前,我国粮食加工业与粮食总产值之比仅为2.3∶1,低于发达国家(4~5)∶1的水平。这个差距正是我国粮食加工业的潜力所在,更是粮食产业经济对地方发展贡献的破题之举。

利用综合种养一体化模式,实现粮畜互补、要素循环,增加种粮综合效益。 滑县杜焕永理事长告诉我们,他准备利用自产的小麦麸皮、玉米秸秆养牛,1 000亩地的秸秆就可增收20万元,发动周边村民养牛后,一头牛保底可赚4 000元。他表示:"不仅可以自己致富,作为新时代农民,还要带动乡亲们留在村里也能富起来。"望江县康利家庭农场利用"稻+鸭(鱼、虾)"种植模式,每亩节约农药、除草剂、人工成本236元,绿色水稻、鱼鸭收益加起来比一般种稻多1 500元。**专业精深加工模式围绕主产品及副产品深度加工,变废为宝,增值效益。** 望江县联河集团除常规大米加工外,建成三组稻壳气化发电机组,降低能耗;深度加工碎米,生产大米蛋白粉、米淀粉、米乳等高附加值产品,使碎米增值数倍,还开发了国际领先技术,填补了国内空白。**三产融合模式带动产生了一批发展势头好的粮食产业集群,提高了产业竞争力,以小生产博大市场,增强县域经济实力。** 延津县依托优质小麦资源,直接财政创收可达1个多亿,利用"订单+期货"对冲市场风险。创建全国第一家以优质小麦为主体的国家现代农业产业园,综合小麦生产、加工、科技、流通、服务等多环节。怀远县引进五粮液、三全、思念、五芳斋、米老头等知名企业,拉动家庭农场、合作社和农户共同参与构建现代产业化联合体,建立了专业分工、紧密捆绑的利益联结机制,实现从优质糯米产区到加工集群转变。2019年课题组调研的"面粉之都"河南永城市，也成功打造了面粉产业集群，成为全国综合实力百强县市、全国投资潜力百强县市。

三是通过服务社会化、产业化、市场化，让先进生产技术进村入户到田。发展产前、产中、产后各环节技术服务，促进服务专业化、精深化，形成分工明确、互相支持的粮食生产社会化服务体系，依靠现代科学技术、营销理念、服务意识，培育了一支专业化的市场服务队伍，推动粮食生产服务的社会化、产业化、市场化，构建起与土地承包经营主体并行的另一类生产主体，解决了农业技术到村入田"最后一公里"难题，实现了提高单产、改善品质、降低物耗的目的。

建立公共化的服务平台，实现农业技术服务的信息化、便利化。滑县开发微信小程序"滑县农管家"，设置本土农业技术专家咨询专栏，整合农机服务资源，农户可线上进行技术咨询、下单预约田管服务。**建立专业化服务公司，做到让利于民、互利共赢。**望江县益民农资有限责任公司黄经理介绍，他们通过飞防带动农资销售，公司培训植保无人机飞手80余人，服务费从8元降低到6元，收入全部归飞手，不仅帮农户节本增效，而且让飞手年收入达10万元。企业通过提供病虫害防治、统防统治服务紧连民心。更为可贵的是，黄经理依靠市场力量培养起来了一支年轻、热情、专业的基层服务队伍。**建立综合性服务体，形成粮食全程服务的"一条龙"。**滑县焕永种植农民专业合作社、新乡市联丰农业种植专业合作社、怀远县盛世兴农专业合作社都提供全程服务，在外务工农民无需费心，更不用农忙返乡，就能享受到全部技术服务。

四是通过建设生产载体、打牢基础设施，解决自然灾害带来的产量周期性波动。粮食生产具有很强的公益性，需要压实政府农田基础设施建设"第一责任人"的责任，加大中央公共财政支持、地方政府增额配套,通过藏粮于地、划定粮食功能区、高标准农田建设"三位一体"的农田基础设施建设体系,打牢抵御自然风险的物质技术基础,扭转市场配置资源、工商资本投资可能导致的非粮化、轻粮化倾向,提升抵御重大灾害的能力,熨平自然灾害对产量带来的年际间波动,从而更有效地协调粮食供给与社会需求的关系。农田基础设施建设是应对自然灾害的"牛鼻子"。过去我国粮食生产是"两丰两歉一平"的短周期,主要原因是基础设施建设标准低,普遍是五年一遇、十年一遇的标准。高标准农田建设要以稳步提高农业综合生产能力、保障国家粮食长久安全为宗旨,改善生产条件、降低中低产田比例,达到旱涝保收、高产稳产,从基层政府到农户普遍叫好。

河南在高标准农田建设上走在前面,率先作出了有效探索。过去河南小麦单产普遍低于山东,通过推进高标准农田建设,河南小麦单产逐渐追平山东,在2014年实现赶超并维持至今。滑县投入13.5亿元建成134.5万亩高标准农田,其中位于白马坡的50万亩集中连片示范区,"田成方、临城网、渠相通、路相连、旱能浇、涝能排",一望无际,非常震撼。**江西创新建设办法、管理机制,提高了建设标准和效果**。克服普遍存在的管理各自为战、资金多头管理、建设多重标准等问题,变为统一指挥、统一管理、统一标准,亩均投入标准从1 200元左右提高到3 000元,形成省市县乡村五级联动、多部门通力协作的建设管护机制。在2020年百年不遇的洪灾面前,随着降雨过程结束、水位下降,农田可以做到快速排涝、迅速补种,充分体现了"江西方案"的成效。

五是通过政治激励、政策倾斜,建立粮食发展的动力机制,缓解主产区抓粮吃亏、农户种粮吃亏问题。处理好粮食安全战略中生存与发展、公平与效率的矛盾,形成粮食发展的基本动力机制,解决两个"吃亏"困境。通过中央一号文件持续发力、财政持续支持，强化各类财政专项、财政配套与产粮大县奖励，缓解主产区财政困难，解决产粮大县"吃亏"问题。丰富生产支持和保障措施，弥补种粮成本，缓解粮农"吃亏"问题。在此基础上，深化粮食支持体系改革、繁荣粮食产业经济，**探索出农户增收不依赖粮、地方抓粮不妨碍经济增长的高质量发展之路**。

全国上下对粮食安全空前重视，得益于中央对粮食常抓不懈，对主产区和种粮农户的政策倾斜。粮食安全省长责任制是保证地方抓粮的"紧箍咒"，让地方抓粮的劲只能鼓不能泄。中央的产粮大县奖励被地方津津乐道，调研从北到南一路走来，主产区政府每每谈及被授予的产粮大县、超级产粮大县荣誉，无不发自内心地骄傲与自豪，种粮农户也对各类补贴如数家珍。新冠肺炎疫情更加凸显了粮食安全的重要地位，调查中主产区均表示责任重大、使命光荣，自觉主动抓粮种粮，为国家和人民分忧；种粮大户和合作社都有一腔家国情怀，主动扩种、补种。可以看到，**中央和地方已经形成多种粮、种好粮、多存粮，贡献大、荣誉多、有实惠的粮食治理之道**。

通过调研，课题组认为**只要现有政策稳定不变并不断强化，农户种粮不赔钱，粮食生产就不会萎缩；只要想方设法做大做强粮食产业经济，地方抓粮也不意味着弱财政**。丰城市同田供销社有限公司夏文平理事长说："不要担心，只要政策稳，就可以实现种粮面积稳。"与该县基层干部和种粮大户座谈时，大家普遍表示："只要现在政策继续稳定和不断完善，我们能够有把握面对不同年景和灾害，都能保证种粮丰收。"从县域经济发展来看，丰城市财政收入超过80亿元；怀远县打造糯稻产业，带动县域经济活力，经济总量在全省61个县中排名第11，超过许多非产粮大县经济总量。主产县粮食生产稳定发展，就能成为搞活经济的基础，现有的粮食政策取向不会导致其财政吃亏。

总的来看，夏粮稳定发展的态势已经形成，但还需在主产区投入、种粮积极性、基础设施、技术推广等方面加大支持，巩固夏粮稳定发展机制，进而继续保持好的发展势头。纵观全球，像我国这样把粮食安全作为治国安邦的头等大事，对粮食安全开展系统治理的国家，是少有的。我国已经形成了与基本国情相符合、与市场经济体制相适应、与国际形势相对接的中国特色粮食治理之道，在历次金融崩盘、公共事件等全球危机中，粮食无一例外地是稳定国内经济社会的战略后院。**彰显了"确保谷物基本自给、口粮绝对安全"粮食安全战略观的远见，验证了坚持"以我为主、立足国内、确保产能、适度进口、科技支撑"战略方针的正确性。**这充分体现了习近平总书记粮食安全思想的前瞻性、治国理政方略的科学性和中国特色社会主义制度的优越性。

二、2020年夏粮丰收已经到手，秋粮生产势头良好，夺取全年粮食丰收有基础有希望

在新冠肺炎疫情和汛期洪灾的双重夹击下，夏粮获得了来之不易的丰收，首战告捷、鼓舞人心、意义重大。**秋粮面积稳中有增，长势普遍较好，如果后期不发生特别严重的大范围自然灾害，秋粮丰收是大概率事件。整体上，2020年种粮积极性有恢复，重视粮食氛围有强化，种粮主体呈现新亮点，可望再夺全年粮食丰收。**

课题组所到之地，各级政府把粮食生产作为贯彻落实中央"六稳""六保"工作重点内容，以钉钉子精神狠抓措施落实，种粮农户正紧张有序地进行着田间管理，生产呈现出喜人局面。**面积稳中有增。**滑县、延津反映，玉米面积分别达到130.6万亩、35万亩，比上年增长3.5%、16.7%，主要是调减了棉花和花生的种

植。望江、进贤、丰城通过增加复种和"旱改水",水稻面积分别为 59.1 万亩、113.5 万亩、231.2 万亩,比上年增长 3.3%、0.6%、6%。**苗情长势好**。滑县、延津两地夏粮收获提前,玉米顺势提早一周播种,长势明显好于往年,怀远、进贤、丰城中晚稻生产形势也不错。在滑县和延津,访谈的 4 位种粮大户玉米一类苗均超过 80%,延津大户王文喜自豪地讲,他合作社的玉米长得非常好,这在以前是少有的。怀远县盛世兴农专业合作社负责人尚越高兴地带着课题组参观他的承包田,2 216 亩糯稻长势旺,田野里一派生机盎然。进贤遭遇严重洪灾的大户樊三胜,庆幸自己抢种的晚稻现在苗情也赶上来了。**抗灾保粮有力**。与往年相比,2020年晚稻生产最大的特点就是抗灾抢插和受灾补种改种碰头。进贤县在灾害面前,做到洪水退到哪里、粮食种到哪里,争分夺秒种晚稻,来不及的就种荞麦和马铃薯,确保不落一田、不空一地。针对草地贪夜蛾等可能发生的虫害,相应的防控工作已经到位,延津县 20 万元备用药品和几十架无人机随时待命,滑县 1 000 套草地贪夜蛾性诱捕器蓄势待发。怀远县 70 多万亩玉米目前长势好,病虫害发生与常年比偏轻。**后期气象条件总体有利**。据滑县和延津农业部门观测,立秋以来,土壤墒情好,光照充足,没有出现伏旱,后期持续高温可能性较小,气象条件对秋粮十分有利。进贤、丰城中晚稻苗期雨水充足,后期发生大范围持续性干旱的可能性不大,病虫害防控有力,气候条件有利于保秋粮稳产。

2020 年粮食生产发展的好形势来之不易,面对疫情、灾情大考,习近平总书记强调,"要把保障粮食安全放在突出位置,毫不放松抓好粮食生产",为粮食生产提供制度保障。中央支粮政策密集出台,强调粮食生产要稳字当头,"稳面积、稳产量、稳政策",不让种粮人经济上吃亏,不让种粮大县财政上吃亏,极大地鼓舞了主产区。地方党委政府坚定不移贯彻习近平总书记重要指示精神和党中央重大决策部署，多措并举夯实责任，抓粮效果明显；种粮主体响应号召，主动作为，种粮成绩显著。

上下一盘棋高度重视粮食生产。 2020年是"十三五"收官之年，中央新增36.7亿元支持恢复双季稻。早籼稻最低收购价比上年提高0.01元，并将2020年早籼稻最低收购价预案执行起始时间从8月1日适当提前。农业部门科学调度、有效组织跨区机收，与恶劣天气抢时间、拼速度，小麦机收率达97%，其中黄淮海地区小麦机收率达99%，连续15天日机收过千万亩，均创历史新高。

增加双季稻关键是早稻。恢复早稻面积是国家确保粮食安全的关键之举。江西明确提出"确保江西粮食主产区地位不动摇，确保对国家粮食安全贡献不减少"，狠抓早稻面积恢复和技术措施落实到位，增加早稻182.5万亩，排名全国第二，占全国新增早稻面积的40%。进入7月，原本丰收在望的早稻却遭遇罕见洪灾，往年受灾是"躺着"发芽，现在"站着"就发芽，形势逼人、任务催人、农时不等人。当地紧急筹备237万公斤种子免费发放灾区，做到洪水退到哪里，救灾种子就发放到哪里，晚稻就栽种到哪里，灾后生产就恢复到哪里，确保晚稻应种尽种，面积高于上年。进贤县委书记满怀深情地说，"思想通，工作就通，思想不通，工作就容易落空"，全县坚持党建引领，各级书记亲自抓早稻，对各乡镇早稻实行排位考核，约谈后四位，把面积分解到乡到户到村到人，应种必种，甚至一些低洼田都种上了早稻，全县完成早稻54.8万亩，超额10%完成省里任务，为历史较高水平。

课题组走访发现，以种粮大户为代表的新型农业经营主体是早稻恢复性增长的中坚力量，许多种粮大户响应"压单扩双"号召，主动扩大种粮面积。进贤县李渡镇种粮大户樊三胜说，"国家有需要，我们就必须积极配合"，他2019年只种了1 000亩早稻，2020年则达到3 900亩，多了近3倍。

政企一条心紧抓返田复工复产。疫情困住脚步、中断物流，化肥调运难、种子没着落、农机未检修，"田把式"看在眼里，急在心里，"人误地一时，地误人一年"。丰城迅速协调当地化肥企业复工复产，确保有肥可用；为农资运输车发放绿色通行证，打通交通梗阻；党员变成春耕"服务员"，集需求、列清单、上门送农资，激活"红色引擎"保春耕，不让一个农户掉队。疫情发生后，多地出现粮食价格上涨，政府及时组织加工企业复工复产平抑市场。进贤粮食应急加工网点三粮米业全力开工，上涨的粮价1~2天就被平抑。望江县联合集团大年初四就复工复产，多次前往湖北送爱心大米，4个多月累计应急保供湖北省4 336吨。

拧成一股绳抗洪抢险力挽损失。洪灾中，进贤的237公里围堤有184.7公里超警戒线。县领导靠前指挥，精心调动。灾情以来，县长一个多月未回家，带领全县抗大洪、抢大险、救大灾，打响了防汛抗洪抢险救灾的人民战争，做到"不破一寸堤、不死一个人"。根据汛情发展，政府积极引导农户抢收抢烘早稻。洪水一退，进贤县870台收割机集体抢收，日收割3.5万亩；427台烘干机全天无休，日烘干8 000吨。种粮大户们迅速调集收割机和耕田机进村，不仅抢收自家水稻，还成立帮扶助收队，为其他村民抢收受灾早稻。

扶持粮食生产政策有力有效。调研了解到，地方政府认为种粮大县奖补政策很有效，体现了国家对主产区的重视，是让主产区最有获得感的一项政策，对恢复早稻面积功不可没。对高标准农田建设认可度较高，进贤县农业部门介绍，2019年5个月没下雨，遭遇了少有的旱灾，粮食还能丰收。如按照3 000元/亩做这个事儿，可做到80%的年景旱涝保收。可见，高标准农田建设让粮食丰收更靠谱，是一项让地方政府抓粮有底气的政策。

种粮农户评价最好的是最低收购价政策，发挥了稳民心作用。稳定市场粮价的是托市，让农户腰杆硬起来的也是托市。在很多农户心中，最低收购价就是保护伞，让他们不受粮贩子的气。托市政策即使是微小的变化也牵动着粮农敏感的神经，2020年"托市限量，老百姓心理犯嘀咕，觉得不收了"。对补贴政策满意度较高，怀远县盛世兴农专业合作社对所获补贴了然于胸：国家农机具购置补贴、省级农机补贴增额，大户补贴200元/亩，水稻奖励补贴30元/亩，社会化服务补贴100元/亩。丰城大户樊三胜对12万元的烘干机获得了9万元补贴非常满意，11台烘干机年烘干1300万斤，每斤6~7分钱烘干费收入。由于补贴对节本增收的重要贡献，粮农还呼吁一些好政策能延续，2017年延津对绿色优质麦补贴每斤0.1元，大户们期盼地说，"每斤补贴这1毛，把种优质麦的积极性调动起来了，第二年还在等这1毛，希望这样好的政策延续着呗"。

与粮农需求匹配度最高的是综合社会化服务，其让农民做"甩手掌柜"不是梦。望江县益民农资有限责任公司提供的统防统治全程服务，一架无人机作业300~400亩/天，受益粮农觉得"种水稻和种小麦一样方便，自己不用干什么活，现在都自动化了"。尽管农业保险理赔手续复杂，滑县杜焕永理事长形象地描述，"农业保险对增收不起作用，但能救命，是抗击风险的最后一根稻草"。大户除了政策性保险外，还有商业性农业险。新乡市联丰农业种植专业合作社理事长彭亮程介绍，2016年开始给农户上保险，每亩地保费只交5.4元，受灾后却能赔偿440元/亩，有效弥补了损失。

三、坚定不移贯彻落实国家粮食发展战略，保持粮食发展好势头，加快完善新时期粮食政策体系

2004年以来，夏粮连续17年丰收，全国粮食连续16年丰收，

我国粮食生产正在步入持续稳定发展的轨道，粮食安全保障机制正在加快形成。尤其是面对疫情大考，世界濒临 50 年来最严重粮食危机，全球 25 个国家面临严重饥饿风险，我国粮食生产风景独好，表明我国粮食连续丰收内在机制的可延续性，彰显了我国粮食发展战略的科学性。当前我国正处于全面建成小康社会、打赢脱贫攻坚战的冲刺阶段。2020 年上半年，新冠肺炎疫情给我国经济社会发展带来严重冲击，世界经济陷入衰退，不稳定性不确定性较大，复杂的国内外形势更加要求压稳粮食安全根基。我们要立足习近平总书记关于粮食安全的一系列重要讲话和指示精神，抓住机遇加快构建新时期国家粮食发展战略，进一步完善新时期粮食政策体系，打牢国家粮食安全稳定发展的基础，为经济社会发展全局保驾护航。

坚定新时期粮食生产发展方针不动摇。 新时期中央对粮食生产作了一系列战略部署，习近平总书记始终把粮食安全作为治国理政的头等大事，高屋建瓴地指出："中国人的饭碗任何时候都要牢牢端在自己手中，我们的饭碗应该主要装中国粮。"针对国内外形势变化，中央作出了以国内大循环为主体、国内国际双循环相互促进的战略布局。笔者认为，贯彻中央部署、坚持新时期粮食发展方针就是要做到，**坚守"一个目标"，打造"两个机制"。即建立以国内大循环为主，立足国内实现粮食自主的战略目标，打造种粮大县财政上不吃亏机制、种粮农户经济上不吃亏机制。** 当前全球疫情肆意蔓延，保护主义势力抬头、民粹主义横行，世界经济衰退，外部格局发生深刻调整，国际大循环动能明显减弱。内部环境不断优化，经济弹性大韧性足，长期向好的基本面没有改变，内需潜力进一步释放，国内大循环活力强劲。面对新形势，粮食生产要始终立足国内，确保任何情况、任何时候都能吃饱饭、实现粮食自主。粮食主产区为保障国家粮食安全功不可没，但与主销区经济发展水平差距拉大。中央要加大对粮食主产区转移支付和政策倾斜，保证主产区抓粮不吃亏。农民是粮食生产主体，只有激发种粮积极性，才能实现稳定粮食生产的目标，需要强化政策支持，让种粮农户经济上不吃亏，且有收益、有地位、有面子。

推进粮食主产区经济高质量发展。 让种粮大县财政上不吃亏是主产区县域经济高质量发展的前提，更是国家制定粮食政策和确保粮食安全的底线。推进粮食主产区经济高质量发展首先要廓清一个误区，即粮食生产不是财政收入少的缘由。粮食大县实现经济高质量发展，不能将粮食基本盘丢掉，要充分发挥这个优势，坚持抓粮不动摇、不削弱，把粮食生产作为高质量发展的基础和引擎。

一方面要加大财政转移支付力度，构建中央政府向主产区转移、主销区向主产区转移的发展补偿机制。从顶层设计上统筹建立粮食专项发展补偿体系，将现在对粮食加工企业的免（减）税优惠额度作为中央对地方税收定量返还的核算依据，进一步加大中央财政对产粮大县的专项转移支付力度。另一方面，要增强产粮大县粮食企业发展活力，推动粮食产业集聚，搞活粮食产业经济。深化国有粮食企业改革，主动参与市场经营，增强发展活力。发展粮食精深加工，探索粮食副产物的全值利用，提高米糠、碎米、麦麸、麦胚等副产物的综合利用率，着力开发满足营养需求的功能性食品。通过完善经营环境、服务体系、基础设施打造粮食产业园平台，利用技术驱动、资本驱动和市场驱动做大做强"全链条、全循环、高质量、高效益"的粮食产业化集群。引进主销区企业到主产区投资建厂，提升主产区粮食生产技术装备和产业化水平，培育新经济、新业态和新模式。

精准发力调动农户种粮积极性。 保证种粮农户经济上不吃亏，是制定粮食支持政策的基调。在此基础上,各项惠粮政策综合发力、配套推进,主要是"**夯实一个基础,增加两种支持,完善三项补贴**"。一个基础是加大高标准农田建设力度,**提高建设标准,提升防灾抗灾减灾能力,为种粮农户降成本、抗风险**。以"藏粮于地"为依托,加大对高标准农田建设及中低产田改造支持力度,增强农田灌排能力,做到旱涝保收。发挥财政杠杆作用,采取先建后补、以奖代补、财政贴息等方式支持金融和社会资本投入高标准农田建设。积极引导社会力量开展农田建设,鼓励合作社和农村集体经济组织自主筹资投劳,参与农田建设和运营管理。**两种支持是完善农业技术推广服务体系,为种粮农户提供科技支持;加快农机转型升级,创新农机服务模式,为种粮农户提供装备支持**。建立以公共推广机构、社会力量并行的技术推广服务体系,政府公共服务着眼公共层面,个性化、差异化服务主要依靠社会力量,他们有活力,更能满足各种生产需求。推动国产农机装备向高质量发展转型,升级国产农机质量与效能,增强粮食作物薄弱环节的机械化水平。创新农机服务模式,加快"互联网+农机作业"应用,提升农机服务效率。三项补贴是**构筑农业补贴、信贷政策、保险政策"三位一体"的联动支持体系,为种粮农户构建收入保障网**。建立增量补贴政策与保险、贷款调控政策的协调机制,增量补贴主要用于保费补贴、贷款贴息。

强化粮食储备的保障和调节功能。《礼记·王制》中提到"国无九年之蓄,曰不足;无六年之蓄,曰急;无三年之蓄,曰国非其国也",2 000年前的古训深刻道出粮食储备的价值。习近平总书记多次强调,储备在稳市、备荒、恤农方面具有重要作用,是保百姓饭碗的粮食,要搞好储备调节。新时期粮食储备要实现"**两个对接**",坚持动态收储与市场需求紧密对接,建立与市场良性互动、与消费升级相适应的收储轮换机制,确保百姓吃上新鲜粮、放心粮、营养粮。坚持动态收储与生产结构调整紧密对接，细分品级和定价，做到分级分品种收购储存，对优质品种做到专收专储，发挥收储对粮食结构调整的引导作用。**要培育和发展社会储备、降低政府储备成本、提高收储运作效率**。支持有条件的种粮大户储备，提高储备烘干设施购置补贴，放宽仓储用地限制。适当开展企业动态储备，将一定比例的地方储备任务交给市场主体，设定动态储备底线、严格轮换监管机制，满足企业收储加工需要的同时，减轻政府储备负担。

四、当前需要关注解决的几个问题

在这次调研中，主产区政府部门和种粮农户还反映了几个问题，需要关注解决。

一是尽快出台灾后临时收购政策。从江西、安徽调研情况看，受灾地区早稻亩产仅 600 斤左右，且伴有较多秕谷；从品质上看，多属于托市等外粮，易被粮贩"踩价"。一些粮贩收购湿谷每斤 0.7 元，合计每亩毛收入仅 400 多元。为维护种粮农户收益，保护粮食继续稳定发展的好势头。**建议临时调整 2020 年湘赣皖鄂灾区早稻收购政策，把托市粮最低收购标准从三等扩大到四等、五等，以稳定粮食生产信心，促进粮农精管细管晚稻，确保实现 2020 年丰收的目标不动摇**。对降等收购的早稻，不能按标准质量储藏期保管，应在一年内出库，定向转化，避免国家承担更大损失。对按正常标准收购的托市粮，也要加快轮换速度。

二是加大统防统治专项经费投入。各地反映 2020 年秋粮作物重大病虫害发生形势不容乐观。特别是水稻"两迁"害虫在长江中下游和江淮稻区多发概率大，草地贪夜蛾在南方秋玉米种植区和北方春播玉米区重发风险高，尤其值得警惕。**建议增加中央农业生产救灾资金和病虫害统防统治项目资金，加强防灾减灾工作，确保丰收形势不因灾情而逆转。**

三是加快处置"超长待机"储备粮。不少粮食储备库反映，部分托市粮储存已超6年，个别粮库2020年处理的是2013年的粮食，还有2014年的粮食待处理。粮食超期储存造成质量损失，是严重的资源和财政浪费，无效的储备对国家粮食安全带来隐患，杜绝超期储备粮应该成为完善国家储备粮政策的底线。**为此，建议充分利用中储粮智能化粮库管理全覆盖的物联网，对各地储备库穿透式管理，将粮食出入库、粮情状况纳入实时监测，对到期轮换粮食多途径预警提示。**同时，调整现行储备粮储存管理机制，完善财政补贴办法，以品质品种、入库年限为轮换依据，做到"常储常新、保质增值、品质良好"。

四是农机补贴向大户、合作社倾斜。合作社和种粮大户农机利用率高，机械更新换代显著快于小农户，农机社会化服务空间大、效益好，但购买农机贷款抵押不灵活，农机不能抵押。**建议根据其实际服务耕地能力，实行农机购置阶梯型补贴，多服务多享受补贴。**将区域内保有量过多、技术相对落后的机具品目剔出补贴范围。根据大户和合作社实际需要，对部分大型农机，地方给予累加补贴，加速机械化进程。

执笔人：普蓂喆、刘明月、崔奇峰、王秀丽、秦　朗、付江凡、余艳峰、杨前进、钟　钰

课题指导：陈萌山、袁龙江、池泽新

"十四五"元年粮食开局良好

——基于冀鲁两省四县（区）的调研

【摘要】 通过对冀鲁两省四县（区）的调研发现，2021年粮食生产势头喜人、丰收在望，小麦面积稳中略增，生产结构调整优化，田间管理扎实到位，气象条件适宜。一号文件落得实、落地快、成效好，粮食安全责任进一步强化，农业生产专业化服务更完善，粮食市场流通体系加快形成，主产区地方储备更实更足。但2021年还存在短板和薄弱环节，未来要明确界定党委和政府维护粮食安全方面的责任，建立责任清单、任务清单、问题清单和整改清单"四位一体"的清单管理制度。要进一步加大标准农田建设力度，增加资金投入，提高建设标准，实施高标准农田建设再提升工程。要分年度稳步提高土地出让收入用于农业农村的比例，让土地财政这块大蛋糕真正反哺农村。

2021年是"十四五"开局之年，是向第二个百年奋斗目标进军的开启之年。中央把粮食安全放在国家安全的高度，出台了更加有力的政策措施，致力于提升粮食等重要农产品供给保障能力建设。为了解2021年粮食生产形势，评估有关政策措施落实成效，中国农业科学院"中国粮食发展研究"课题组联合河北省农林科学院农业信息与经济研究所、山东省农业科学院农业信息与经济研究所，于2021年4月12—16日前往冀鲁两省的隆尧县、景县和齐河县、章丘区调研。四县（区）均为当地重要的粮食大县，代表着我国夏粮主产区生产水平。调研期间，课题组与市县乡村的干部、技术人员、合作社负责人、种粮农民合计64人深入交流，走访了15家粮食加工企业、经销商和农资销售主体，16家粮食合作社和种粮农户，召开了4次座谈会，并与两省农业部门、农科院有关领导专家交流。总的来看，2021年夏粮丰收的基础是牢固的，特别是涌现一些节水灌溉、产后处理的新模式，对稳定粮食生产、保障粮食质量作用明显。全年粮食生产势头喜人，地方党政领导对粮食生产高度重视，粮食安全省长负责制落实有力，抓粮氛围更浓了，农业粮食部门管粮的底气更强了，地方政府政策配套更加有力。

一、2021年粮食生产开局良好、势头喜人、丰收在望

四县（区）夏粮面积稳中略有升，品种结构调整优化，小麦群体和个体发育指标好于常年，大部分麦田墒情适宜，夏粮丰收有基础。

小麦面积稳中略增。隆尧县2021年小麦种植61.4万亩，比常年的60.9万亩增加5 000亩，增幅0.82%；为确保全县粮食面积产量不低于常年的125万亩、11.86亿斤，县委县政府通过红头文件确定各乡镇面积基数。章丘区小麦78.4万亩，比上年的77.9万亩增加5 000亩，增幅0.64%。景县小麦85.02万亩、齐河县114万亩，与往年持平。

生产结构调整优化。优质强筋小麦品种占比进一步提高，齐

河县百万亩小麦每年由政府统一供种，县本级财政出资1 000万元兜底，良种覆盖率达100%，绿色高产高效技术模式到位率达100%。隆尧县优质强筋小麦面积30万亩，占总播种面积50%。隆尧县、景县位于华北地下水漏斗区，两县大力推广节水抗旱品种，并积极调整耕作制度，节水抗旱的高粱、油菜等杂粮替代种植的发展势头好。景县开展季节性休耕，建设9万亩结构调整示范区，发展高粱、谷子、甘薯等优质节水粮食作物和相关产业，既保护了地下水，又节本增效140元/亩，其中"油菜+高粱"模式可带来1 000元/亩的净利润，兼顾了"绿水青山"和"金山银山"。

田间管理扎实到位。农业部门严盯密防，提供电视广播、报纸宣传、电话咨询、上门辅导等帮助，创新性地提供视频直播、微信远程咨询等辅导方式，确保技术服务全覆盖。章丘区组织100多名技术人员深入田间开展分类技术指导。隆尧县仅春耕管理阶段就印发资料5 000余份、辅导2万人次，并依托县家庭农场协会托管中心为会员农场和其他农场提供春季管理技术服务，覆盖3万多亩。齐河县委书记亲自抓"百日增产"，从惊蛰开始，15个乡镇、15个技术服务队、每个乡镇2个技术专家拉网排查，50%工作时间在田间地头，奋斗一百天，把科学管理的各项措施落实落细。种植大户赵金诚称赞："农业农村局技术人员服务到户，随时打电话都可以。"由于田间管理到位，麦苗根系健壮、有效茎数多、壮苗面积大（表1）。齐河县一二类苗占比为96.5%，其中一类苗65.8%。章丘区一二类苗占比为95.4%，其中一类苗66.3%。景县一二类苗占比为94.0%，其中一类苗47.5%。隆尧县一二类苗占比为90.4%，其中一类苗55.4%。章丘区绣惠街道船北村的种粮大户吴占元说："今年自家400亩小麦，其中一类苗60%、二类苗40%，没有三类苗。"

表1　隆尧县、景县、章丘区和齐河县的麦苗现状

项目	隆尧县		景县		章丘区		齐河县	
	面积/万亩	比例	面积/万亩	比例	面积/万亩	比例	面积/万亩	比例
一类苗	34.0	55.4%	40.4	47.5%	51.7	66.3%	75.0	65.8%
二类苗	21.5	35.0%	39.5	46.5%	22.7	29.1%	35.0	30.7%
合计	55.5	90.4%	79.9	94.0%	74.4	95.4%	110.0	96.5%

气象条件适宜。两省冬春季雨雪较多，前期气象条件较好，麦田墒情较为适宜。河北省2月底和3月初大范围降水较常年偏多三成以上，有效增加了土壤墒情，大部分麦田0~20厘米土层相对含水量在70%以上。政府积极做好气象预测预警及防灾减灾工作，提前布局"一喷三防"绿色精准防控，隆尧县统防统治面积占比达到40%，景县达56%，章丘市区两级专拨700万元用于条锈病防治。景县种粮大户姜玉河说："小麦长势好，往后没有灾害，就是丰收了！"章丘区绣惠街道船北村的种粮大户吴占元表示："今年苗情好主要原因一是去年播期气候好，二是入春以来墒情好，三是田间管理好。今年如果没有干热风，单产可以有1 400斤。"四县（区）小麦目前生产形势稳中向好，后期灾害防控措施准备充分。

总的来看，小麦总体长势好，地方抓粮力度空前，夏粮丰收很有基础。但也要高度重视气象灾害、病虫害等不确定性影响。这季小麦越冬期已经历两次低温冻害，个别地块苗子偏弱；部分地块麦田红蜘蛛和纹枯病、根腐病等病虫害有偏重发生态势。农业气象年景不乐观，后期扬花灌浆期要严防极热天气发生，防治蚜虫等病虫为害，密切监控预警、加强动员落实、确保防控措施到位，力夺夏粮丰收到手。

二、一号文件落得实、落地快、成效好

21世纪以来，我国连续颁布18个指导"三农"工作的中央一号文件，凸显了党中央对农业农村工作的高度重视。2021年的中央一号文件继续释放重农抓粮的明确信号，调研地区的党委和政府认真组织学习文件精神，迅速传达给基层干部，贯彻落实到基层农户，抓细抓实发展措施，为当地"十四五"农业农村工作开好局、起好步，奠定了坚实的基础。

粮食安全责任进一步强化。自中央一号文件提出实行粮食安全党政同责后，地方各级党委政府认真贯彻党中央、国务院决策部署，积极探索建立各级党委政府粮食安全责任制，坚决扛起保障粮食安全的政治责任。景县县委书记提议召开了专门的农业农村会议，亲自部署粮食安全工作，主管领导具体负责、强力推进，相关部门各司其职、密切配合，形成地方党政共抓粮食安全工作的强大合力。隆尧县领导告诉课题组："现在乡村振兴中有关农业的考核指标十几项，全是硬指标，粮食又实行党政同责，对于地方来说，执行是第一位的，必须认真落实粮食种植面积，否则就要挨板子"。随着党政同责的实施，地方党政抓粮主动性不断提高。齐河县农业农村局局长王法明表示："今年县委书记比历届都重视粮食生产，现在粮食单独考核，责任制都下沉到乡镇了，种植面积按照小麦耕地地力补贴面积、统一供种面积逐一落实"。章丘区副区长腾培汤也表示："党政同责下利用政府资源和党的系统资源共同推进，抓粮力度更大了。粮食安全工作要书记、县长一起签字，纳入一事一议，问责时党和政府的干部一起承担，督促作用更明显"。

农业生产专业化服务更完善。政府多措并举,全力支持新型农业经营主体和农业社会化服务体系建设。齐河县对提供粮食生产托管服务的经营主体、具有规模的、验收合格的给予30万~50万元补助,实施统一供种、统一技术培训、统防统治的"三统一"措施,以确保高产稳产和品种专一性。种植大户赵金诚由衷称赞:"统一供种减少了病虫害,比农民自选的要好,国家补贴统一培训学技术,没有技术根本不要想高产的问题"。**托管成为老百姓最受欢迎的服务模式,综合托管率不断提高,实现了土地连片规模化生产**。章丘区种植大户吴贵凯表示:"现在的托管模式,农民觉得很好,比流转更受欢迎"。章丘农业农村部门数据显示,2020年全区小麦托管比重超过70%。齐河县目前培育各类农业社会化服务组织486个,综合托管率达到80%以上。齐河县金穗粮食种植专业合作社以小散农户为主要服务对象,重点围绕生产资料采购、植保、耕种等关键环节,提供"菜单式"服务。隆尧县农业生产托管服务中心是在家庭农场协会的基础上成立,主要服务于家庭农场,以土地托管服务为中心,开展全托、半托和单托等多样服务。

粮食市场流通体系加快形成。粮食购销市场形成多元化发展,粮食经纪人、中间商等队伍进一步壮大,改变了过去中储粮一家独大局面,粮食收购市场呈现活跃兴旺。粮食经纪人、中间商以灵活的经营方式,切实方便了种粮农民就近售粮,拓展了粮食销售渠道,减少了粮食流通周期。章丘区粮食局告诉我们:"当地粮食流通顺畅,市场发育加快,有200多家大的收购主体。一些小商小贩更是到田间地头直接收粮,农民卖粮很省心,在5公里范围内就有收购点"。粮食市场化发展迅速,市场机制已成为粮食价格形成的主要力量。章丘区小麦品质较好,收购市场活跃,市场粮价明显高于最低收购价,近年来都未启动最低收购价执行预案。**新主体积极布局建设烘干设施,缓解粮食产后水分高、呕吐毒素超**

标等问题，促进粮食提质进档，推动节粮减损。齐河县农业农村局局长王法明说："现在烘干设施满足不了老百姓生产的需求，今年准备叫国企投资、布局，以乡镇为单位，在村集体建设用地上建设，以解决玉米干燥的最大困扰。"景县玉河家庭农场老姜自行开发了不需要用电、纯绿色、无污染、低成本的干燥塔，一个设施投资3 400元，可储存5 000斤。玉米含水率从20%降到15%只需2天，降低到14%只需3天，他用自己的聪明才智、丰富实践解决了玉米烘干问题。

增加了地方粮食储备。国家对主产区地方储备的要求是满足3个月的常住居民消费。疫情后人们的危机意识增强，主产区地方储备更实更足。山东鲁粮集团粮库原来承担着75万吨的省级储备任务，根据山东省"在原有规模基础上适当增加地方储备规模"的任务要求，2021年该集团增加了27.5万吨地方储备，达到100多万吨，较常年增加37%。山东省还提高了储备粮保管费用补贴，有力地贯彻落实粮食安全省长责任制。国家财政给中储粮保管费用的补贴标准是80多元/吨，粮库负责人张琦新说："省里对地方粮食储备相当重视，从财政里自掏腰包，给鲁粮集团齐河库的补贴标准为92元/吨，比国家标准还高十几元/吨。"疫情事件让老百姓增强危机意识和存粮意识。章丘区粮食事业发展中心主任王向儒表示："过去百姓存粮，这些年都不存了，疫情出现后部分百姓又开始存粮。"他还建议可以通过补贴小粮仓建设的方法引导农户适当储粮，满足应急需求，这样国家就不用存那么多粮食。

三、重粮惠粮政策落实仍需扎实推进

地方党政同责扛起粮食安全重任，农业部门抓粮更加理直气壮，地方政策配套更加有力。一号文件的政策正在落实，种粮基本上实现机械化，良种良法奠定稳产基础，统防统治措施非常有力。但2021年中央出台的一些新的重农抓粮政策还存在短板和薄弱环节，还需要高度重视。

地方落实党政同责仍持观望态度。一些单位和部门仍将粮食安全看作是农口的事儿、政府部门的事儿，市县综合部门重点还是盯着抓工业、抓招商引资，政策落实"上热下冷"、口头重视，存在组织领导不够有力，党政协调不到位、联动不积极问题。**一是要明确界定党委和政府维护粮食安全方面的责任。**党委负责把方向、管大局、保落实的领导责任，政府在党委领导下承担抓落实的具体责任，将粮食安全列入党委、政府工作的重要议事日程。**二是建立责任清单、任务清单、问题清单和整改清单"四位一体"的清单管理制度。**明确党委和政府相关成员的粮食安全责任任务。**三是出台顶层的指导性意见和操作层面的考核办法。**在保持粮食安全省长责任制考核体制机制稳定的前提下，将党委责任事项纳入考核，做到"问责有度、奖励有方"，推动党政同责有效落地，确保面积、产量不能掉下来，供给、市场不能出问题。

高标准农田支持投入强度下降。2021年高标准农田建设数量与上年基本持平，但下达建设资金总量减少。景县反映"今年喊得响，钱来得少，县里面特别不摸底"。2020年该县建设高标农田1万亩，2021年也是1万亩。但中央资金比之前少，由2020年的1 400万元降到2021年的1 200万元。景县表示，国家给不了这么多钱，县里拿出差额、增加预算也要达到1 500元/亩的建设标准，但是若省里没有配套资金，依靠吃饭财政的县级拿出这么多钱还是有较大困难的。景县反映，1 500元标准仅能满足地表水修建扬水站，沿河村庄的地表水利用等；如要再修建道路、防渗管道、扬水站以及增强部分坑塘（储水）就超过2 000元。隆尧县也反映，

2020年建设高标农田2万亩，中央给了3 001万元，不需要地方政府配套；2021年只给了2 001万元，下达资金差了1 000万元，地方政府配套乏力。除了已有建设项目投入力度下降，调研发现高标农田还需提高资金投入。河北、山东已建成的高标准农田基本都在田间地头打机井、留好水源接口，却没有相应的设备配套，离实现水肥一体化只差"最后几米"。以衡水的经验，地埋伸缩式喷灌可以很好地解决这一困境，一次性投入材料费1 500元/亩（不包括安装费用），使用期10年，平摊下来100多元/年，由于是一次性投入，需国家给予支持。**建议高标准农田建设力度要进一步加大，增加资金投入，提高建设标准，实施高标准农田建设再提升工程**。借鉴衡水经验，对高标准农田建设提质升级，增加节水灌溉设施建设，让节水管道到田间。高标准农田提升过程中，要因地制宜，现在是"路修到哪里，地就种到哪里，没有路的地方，种得就不好"，机耕道建设需要加强，若道路建设、硬化路、水泥路建好以后，小车可以开进去，可降低劳动强度。高标准农田建设要激励创新、吸纳社会力量参与共建。借鉴齐河经验，通过机制创新，引入企业参与，高标准农田机耕道两边的树种得像公园里的景观树。

粮农迫切希望完全成本保险和收入保险。调研地区反映，当前没有享受完全成本保险和收入保险。政策性保险小麦保费20元，老百姓拿2元，绝产赔500元；玉米保费20元，老百姓拿2元，绝产赔450元，这种保险仍存在很大的风险，难以充分保护种粮农民特别是新型主体的积极性。种植大户大多走商业性保险，每亩地保障金额是普通保险的2倍，小农户很难采用这样的保险模式。要把水稻、小麦、玉米完全成本保险和收入保险试点等作为主攻方向，加快扩大覆盖范围，让更多的种植大户享受政策红利；探索玉米、小麦种植气象指数保险试点，为粮食生产提供更高水平的风险保障。

土地出让金用于"三农"比例普遍不高。有的县农业部门反映，2020年全县土地财政出让金10个亿，城市建设和农业发展资金合计15%，其中提取5%~7%用于农业发展基金。实施过程中，该项基金主要被作为配套资金用了，并没有实质性增加农业支出。该县的情况并非个案，具有普遍性。要严格落实国家下发的《关于调整完善土地出让收入使用范围优先支持乡村振兴的意见》，建议将具体要求纳入粮食安全考核，分年度稳步提高土地出让收入用于农业农村的比例，到"十四五"期末，土地出让收益用于农业农村的比例要达到50%以上，让土地财政这块大蛋糕真正反哺农村。

执笔人：刘明月、张新仕、甘林针、崔奇峰、普蒉喆、刘　涛、马辉杰、钟　钰

课题指导：陈萌山、袁龙江

我国粮食产销平衡省区如何稳定实现产销平衡

——基于甘陕两省四县的调研

【摘要】 通过对陕甘两省四县调研发现，2021年秋粮丰收的基础是牢固的，特别是基本农田建设，大面积推广玉米全膜双垄沟播技术、马铃薯黑膜覆盖种植技术，对稳定粮食生产、提升粮食质量作用明显，充分展现了"藏粮于地、藏粮于技"战略措施的重大效用。要保持住这个好势头，建议制定与黄河流域高质量发展战略相适应的旱作农业发展方案，对产销平衡区的粮食主产县同等支持，出台绿色技术补贴，构建央地协同调控的储备机制，鼓励农牧结合，支持粮食就地加工。

2021年是"十四五"起步之年，是向第二个百年奋斗目标进军的开局之年。中央把粮食安全放在国家安全的高度，出台了更加有力的政策措施，致力于提升粮食等重要农产品供给保障能力建设。为了解产销平衡区粮食生产形势，特别是西北旱作地区粮食生产情况与发展方向，2021年7月24—29日，中国农业科学院"中国粮食发展研究"课题组联合甘肃省农业科学院农业经济与信息研究所，前往甘肃会宁县、通渭县和陕西蒲城县、富平县调研。四县均为两省重要的粮食大县，代表着当地粮食综合生产水平。

调研期间，课题组深入农村基层，与市县乡村的干部、技术人员、合作社负责人、种粮农民合计74人进行面对面访谈，考察了15家粮食加工企业、经销商、农资销售主体和7家粮食生产合作社，召开了4次座谈会，并与陕甘两省的农业主管部门、四县党委政府和甘肃省农业科学院有关领导专家进行了交流。**调研组坚持白天调查问听看，晚上例会思悟论，行车途中整梳纳**，充分消化吸收来自基层和实践的第一手材料，通过进一步询问沟通形成一个个完整鲜活的典型案例。

总的来看，2021年秋粮丰收的基础是牢固的，特别是基本农田建设，大面积推广玉米全膜双垄沟播技术、马铃薯黑膜覆盖种植技术，以及特色杂粮种植、玉米马铃薯的优质繁种，对稳定粮食生产、提升粮食质量作用明显，充分展现了"藏粮于地、藏粮于技"战略措施的重大效用。两省全年粮食生产势头喜人，党政同责制落实有力，抓粮氛围浓厚，抓粮底气增强，地方对粮食发展的重视上升到一个新高度。西北地区土地资源丰富，随着当地对旱区发展模式的成功探索，随着进入21世纪后气温逐年上升、降雨不断增加和雨季有所提前的有利变化，粮食生产水平不断提高，为实现稳定的产销平衡奠定了坚实基础。

一、促进粮食产销平衡的经验做法

甘肃、陕西是我国典型的干旱半干旱地区，水资源匮乏，超过75%的耕地无法灌溉，发展粮食生产的先天条件不足，稳定粮食生产任务艰巨。两省坚定贯彻国家粮食安全战略，始终从全局高度把重农抓粮落到实处，依靠科技大力发展旱作农业，不懈探索粮食稳定发展的模式和办法，21世纪以来粮食形势总体向好。

2020年，甘肃粮食面积3 957万亩、产量1 202万吨，比2003年增加208万亩、413万吨，人均占有粮食480公斤，比2003年提高58%，高于全国474公斤的水平。2020年陕西粮食面积4 501.5万亩、产量1 275万吨，面积与2003年基本持平，但产量增加32%，创历史新高，人均占有粮食329公斤，比2003年提高25%。据课题组测算，近年两省粮食自给率分别稳定在80%和60%（全国自给率为82%，产销平衡区自给率为65%），在产销平衡区中，其粮食自给相对较高。特别是甘肃定西创造了旱区粮食发展的奇迹，这里以"苦瘠甲于天下"而"闻名"，曾被联合国认定"这里不具备人类生存的基本条件"，如今已巨变为甘肃粮仓，演绎出适应自然、尊重科学、发展粮食的新篇章。甘肃、陕西促进粮食产销平衡有五大抓手。

抓基本农田建设，稳定种粮面积。 1982年中央实施"三西"扶贫开发，创造了"三田旱地"经验，开启了旱区基本农田建设的先河。进入21世纪后，特别是党的十八大以来，在扶贫攻坚中，持续坚持农田改造。在调研中，课题组成员深深感受到会宁、通渭两县人民在恶劣的自然环境面前，不屈不挠艰苦种粮的心酸。半个世纪前，这里还是"十山九坡头，耕地滚落牛""种一坡、收一车、打一斗、煮一锅"的贫瘠之地，如今变成了满目的稳产良田，续写了当代的"愚公移山"精神。1999—2020年，会宁县累计新修梯田235.7万亩，年均10.71万亩，人均梯田达到4亩以上。2009年，会宁县开始实施高标准农田建设项目，到2020年年底共建成高标准农田55.5万亩。"十三五"期间，通渭修建梯田23.8万亩。不断改善的生产条件加速了农业机械化进程，2020年会宁、通渭耕种收综合机械化水平为54%、52%，比2015年提高19个百分点、12个百分点。甘肃发滋瑞小杂粮食品有限公司负责人李遵义骄傲地介绍："我们的小杂粮基地，都是高标准梯田，全程机械化。"

两县完成了由过去吃不饱到如今粮食完全自给、农户有余粮出售的历史性转变。2020年，会宁、通渭两县人均粮食产量达到1 230公斤、1 132公斤，比2003年提高了314%、236%。形成了"梯田+玉米""梯田+马铃薯""梯田+小杂粮"等多种现代农业样板模式，促进了粮食增产、农业增效，帮农民换"穷貌"，这是"藏粮于地"最真实、感人的写照。

抓关键技术推广，突破旱作农业卡脖子技术。 解决蓄水保墒始终是旱作农业面临的突出问题。为此，甘肃研发了玉米全膜双垄沟播和马铃薯黑色全膜栽培两项拳头技术，突破了旱作农业发展瓶颈，破解了靠天吃饭难题，改写了当地粮食产量低而不稳的历史。全膜双垄沟播技术集地膜聚水、覆盖抑蒸、垄沟种植为一体，抗旱、保墒、增产效果十分显著，把自然降水利用率提高到80%，把玉米种植扩大到降水量250毫米区域，比相同条件下增产35%以上。2003年开始试验示范，2008年全省推广面积迅速扩大到289.5万亩，当年粮食总产量达877万吨，全膜双垄沟播技术贡献了176.1万吨，用7.2%的土地生产了20%的粮食。通渭、会宁等传统缺粮县，也一跃成为全省86个县市区中排名前五的产粮大县。据通渭介绍，以前县里粮食不能自给，2007年地膜大面积推广后，才实现供需平衡。2011年、2013年该县被评为"全国粮食生产先进单位"，2012年被评为"全国粮食生产先进县"。

马铃薯黑色全膜栽培技术有松土、集雨、除草、降温四大好处，膜下温度比白膜低2~3℃，可减少青头薯，将商品率提高10%以上。据会宁万亩脱毒种薯示范基地负责人介绍，在降水量常年400毫升的条件下，单产达3吨，高产可突破4吨，比常规种植增产30%~50%。甘肃省农业科学院专家介绍，这两项技术优化了甘肃农业结构，带动了玉米、马铃薯、草食畜等特色优势产业发展，初步形成了中东部旱作区玉米优势产业带和马铃薯种植、加工、流通产业聚集区，把旱作农业区建成新兴的粮食主产区。

抓种植结构调整，推动水土高效配置利用。冬春时节，甘肃干旱少雨，传统种植小麦出苗不整、起身拔节困难，进入立夏降雨逐渐增加，条锈病等病害易发多发，前旱后病致使小麦产量普遍不高。会宁反映，该县小麦常年亩产不到400斤，只有全国平均水平的一半。这样的种植模式，造成了作物生长与自然降水严重错配，土地产出效率低下。为此，甘肃推动农业种植结构适应性调整，适当调减了小麦种植，扩大了全膜玉米、黑膜马铃薯和小杂粮生产。调整后的作物生长与降雨同周期，实现降雨与作物生长同季，提高了作物与生产要素的匹配性和协调性，进一步增加了粮食产出。2019年，甘肃小麦、玉米和马铃薯种植面积为1110万亩、1317万亩和838万亩，与2003年相比，小麦面积减少23%，玉米和马铃薯分别增加79%和13%。奠定了甘肃马铃薯闻名全国的基础，其种植面积位居全国第三、总产量位居全国第二，是全国最大的马铃薯种薯繁育基地。水土适配性好、质优品良的小杂粮也表现不俗，会宁县小杂粮面积35万亩，被中国特产之乡委员会命名为"中国小杂粮之乡"。甘肃发滋瑞小杂粮食品有限公司负责人李遵义谈到，小杂粮原来是"当家粮""救命粮"，后来日子好了以后"冬眠了"，富贵病出来才又把小杂粮唤醒了，重新复苏这一营养健康产业将迎来更广阔的市场空间。

抓农牧结合，实现稳粮增收。两省基本建立了种养结合、粮草兼顾的新型农牧业结构，形成了玉米种植+肉牛养殖模式，实现种养双赢。会宁县高陵村几乎每家每户都养牛，村干部给课题组算了一笔账：3亩玉米可满足一头牛的秸秆需求，一头牛3年生两个牛娃子，养到6个月左右每头卖1.5万元，3年收益3万元，玉米过腹增值，牛粪还田提升地力。一位村民形象地说，养牛的这几年都翻身了，搞种植只能吃饱肚子，搞养殖能脱贫。以规模养殖带动周边玉米种植，助力稳粮增收。陕西蒲城县东山村的赵宪社，养了400头牛，种了700~800亩玉米用作青贮饲料，每年还需外购1 000多吨玉米，畜牧业带动玉米不愁销路。通渭县东坪村千亩玉米示范种植基地负责人孙爱红介绍，他的1 050亩玉米产出来都卖给养殖场，从2010年开始一直到现在都不存在卖粮难的问题，也不存在自己拉出去卖的情况。牛粪还田，稳粮提质促增收。蒲城县东山村养殖大户赵宪社介绍，他家施牛粪的小麦颗粒饱满、容重高，每斤价格能比别人高5~6分钱。让这些地吃牛粪，缓解土地盐碱带来的影响，保障翌年粮食产量。

抓产粮大县大市，稳定粮食生产能力。国家粮食安全重点抓主产区，产销平衡区重点抓大县大市。早在2006年，甘肃省粮食直补资金就突出了向产粮大县大市倾斜的原则。河西地区除嘉峪关市外，各产粮大市的亩均补贴、人均补贴和户均补贴分别为14.4元、20.8元和87元，远远高于全省平均的5.32元、9.94元和44元水平。近年来，更是形成了以支持旱作农业为亮点的粮食支持模式。省上整合专项资金，通过以物代资、以奖代补等方式，重点支持玉米马铃薯种植、地膜购置等。通渭县种植大户李文强对于自己获得的补贴非常满意，2021年他家1 000多亩地用了100吨马铃薯原种，其中20吨是政府免费发放的。2021年通渭县通过废旧地膜回收利用示范县创建项目获得600多万元省级补贴，基本可以满足全县的农膜需求。甘肃还设立现代丝路寒旱农业发展专项资金，其中20%资金用于省级抓点示范，乡村振兴补助资金50%以上用于支持重点县市优势特色产业发展，作为寒旱农业重要组成部分的甘肃中东部，是全省粮食生产的主产区和新的增长点。

粮食高质量发展项目向大县大市倾斜，甘肃已建成规模化、标准化、绿色化马铃薯种植基地284万亩。其中200亩基地在马铃薯产量排名前两名的安定区、会宁县。大市大县带头示范，省长书记齐抓共管，将粮食生产目标落到实处。各地严格落实党政同责、层层压实责任，省分解下达各县市区粮食面积目标任务，县政府与各乡镇签订责任书，明确主要粮食作物和特色产业种植面积、品种，乡镇再分解目标到村，村落实到具体地块。由此确保耕地面积、粮食播种面积、粮食产量"三不减"。

二、稳定粮食产销平衡的问题与困难

以陕甘为代表的西北地区，发展相对滞后，流通链条长、调运成本高，确保粮食安全、实现产销平衡既是巩固脱贫攻坚、防止规模性返贫的有力保障，更是实施乡村振兴战略、农业高质量发展的必然要求。调研过程中，地方政府部门和课题组接触到的种粮农民等都对立足当地实现粮食自给有共识，但也反映了不少困难和问题。概括起来，主要有4方面问题。

"最年轻的农民56岁"，谁种粮问题更加突出。农民整户进城、村庄"空心化"趋势不可阻挡，种地农民普遍"老龄化"，种粮"断代"风险大。会宁县高陵村支部书记高启仁给了我们全村花名册，说："一半人都出去了，剩下一些60岁的'年轻人'。"他村里共有693户、2272位村民，50岁以下的1348位，青壮劳动力都出去务工了，以去新疆建筑工地的较多。剩下924人是50岁以上的，60多岁的超过一半，70多岁的有238位。高书记感叹："留在村里的最年轻农民56岁。60岁的在耕种，70岁的在除草，75岁的也还在地里，80岁的帮别人除草没人敢要，骑车捡垃圾卖钱。农村没闲人啊。"通渭县石川镇石川村的种粮主力也是六七十岁的老人，种粮大户李强的老丈人都80岁了，还在负责操作微耕机、旋耕机、拖拉机。主管农业的副县长曾文亭感叹："年轻人都不种地了，去地里的都是50岁以上的老人，现在的农民是最后一代，叫'末代农民'。乡村振兴缺的不仅是人才，还有农民！"

种粮效益不高，缺乏吸引力，青壮年农民工整批外出，耕地撂荒问题难以避免。2021年通渭摸排出撂荒地14.97万亩，农业农村局反映，就是因为种粮食才撂荒，种药材等经济作物的不会撂荒。县委县政府采取了许多重大措施加以遏制和整改，但尚未从根本上解决，甚至陷入边整治、边撂荒的窘境。

"种一年地不如打两天工"，种粮效益低问题依然存在。虽然国家出台了耕地地力保护补贴等，2021年还发放了实际种粮农民一次性补贴，但由于单产偏低、生产资料成本高，基本不赚钱。蒲城县东山村大户赵宪社家2021年小麦亩产900斤，每斤卖1.26元，不算地租每亩收益380~390元，但算上400元地租就不赚钱。山王村王大户抱怨："到种粮的时候化肥涨价了，卖粮的时候粮食降价了，买啥啥涨价，卖啥啥降价。"村委会蒋会计说："今年一袋100斤尿素从去年的90~100元涨到140元，一袋80斤的复合肥从去年120元涨到135元，更不赚钱了。"通渭县爱红农牧专业合作社孙爱红表示："农资价格不要大涨大跌，让我能计算出挣多少赔多少，不调控农民撂荒的可能性就更大了。"会宁小麦、胡麻平均亩产分别仅为180公斤、75公斤，扣除人工成本后，小麦和胡麻每亩亏损36元、50元，马铃薯、玉米每亩勉强赚45元、30元。陕西省农业农村厅同志调研发现："现在小麦一亩地收益就200元，种一年不如出去打两天工，就大户还把种地当回事，普通农户无所谓，歉收就歉收了。"

由于种粮效益不高，陕西粮食面积由2005年的5 180万亩减少到2020年的4 500万亩，同期苹果从639万亩扩大到923万亩。随着近年来以甘肃为代表的黄土高原优势产区和以四川、云南为代表的特色产区的悄然兴起,陕西苹果产业面临着内忧外患的压力和挑战,无序扩大苹果面积并非比种粮更有效益。

"吃个饭的工夫就坏了",农机化问题制约严重。两省粮食生产机械化水平只有30%多,远低于全国70%的农作物综合机械化率,更低于全国三大主粮80%的水平。两省适应旱作和山地的农机供给不足,农机质量低下。会宁县红玉马铃薯专业合作社理事长王戌雄抱怨:"一些农机一年一坏,更新换代太快,甚至每年都淘汰,售后服务还跟不上。"蒲城县广寅小麦农民专业合作社理事长常广寅也说:"之前收获时节,每天晚上都有很多机子在修,有一次甚至一天晚上一个镇上50台农机都坏了,收粮都找不到农机。"富平县吉顺祥家庭农场张胜吉置办了各种国产和进口农机,他说:"国产和进口农机样子都一样,用起来就不一样,国产的看着笨重但不结实,进口的是既轻便又结实,有的买了6年螺丝都不用换,这一代人用完下代人还能用。美国New Holland秸秆打捆机用了3年,洗了像新的一样,漆皮都不掉。2014年买的德国索利特动力驱动耙,现在还好好的。而国产的耙齿吃个饭的工夫就坏了,一个要换三四次。"

农机和农技不配套,也给生产效率提升拖了后腿。富平县农业综合示范园的技术人员发现,农机播种前确定的播种量为每亩5 500~5 600粒,实际仅有5 200粒。播种的单位精密程度有差异,相当于少了300~400个玉米棒子,原因就在于农机和农技不配套。农技中心张主任说:"农机吃农机的,农技吃农技的,配合不好经常导致缺苗断垄。"

"80%以上靠转移支付",财力不强、手段不多、调控乏力普遍存在。会宁、通渭、蒲城、富平四县都是粮食生产大县、调出大县,为当地粮食产销平衡发挥了重要作用,但也都是财政小县,保民生、保运转、保稳定都十分困难,主要靠上级转移支付。2019

年会宁财政收入 2.85 亿元、支出 47.43 亿元，其中民生十项支出 40.87 亿元；通渭财政收入 2.08 亿元、支出 38.05 亿元，其中民生八项支出 25.49 亿元；蒲城财政收入 6.79 亿元、总支出 33.31 亿元；富平地方财政收入 6.05 亿元、支出 50.13 亿元。四县地方财政支出分别是其本级财政收入的 16.64 倍、18.29 倍、4.91 倍、8.29 倍，80% 以上都靠转移支付，基本支出十分艰难，无力再拿出资金支持粮食生产。涉农资金中用于粮食生产的部分减少，也增加了抓粮的难度。陕西省农业农村厅同志反映："现在涉农资金用于生产环节的越来越少，前几年全省每年安排 7 000 万做小麦赤霉病、条锈病等'一喷三防'，一亩地 5 元，很管用。这几年资金逐年减少，今年干脆就取消了。"

粮食就地加工停滞，产业化处于半休克状态，无力贡献地方税收。过去陕甘两地粮食就地加工产业发展势头很好，对粮食生产带动强、对地方财力贡献大。通渭曾有马铃薯淀粉企业几十家，有力拉动了县域经济。其中通渭县晓铃商贸有限公司建厂 20 多年，2015 年加工原料玉米 4 万多吨、小麦 2.5 万吨、马铃薯 1.2 万吨；销售收入 1.6 亿元、利润 900 多万元，税收 300 多万元；带动玉米种植 7 万多亩、马铃薯 2 万多亩、小麦 13 万亩；涉及农户 4.5 万户、户年均收入 3 000 多元，拉动地方就业 1 500 多人。2016 年环保督察中要求上 1 000 万元的环保设施，全县企业基本无力承担，淀粉加工产业戛然而止，连同晓铃商贸在内的企业几乎停产。晓铃自身留下 7 000 万元贷款还没偿还，一直尝试转产其他项目都无法复苏，如今厂区空荡荒凉，还背负 6 800 万元贷款。当地缺乏就地加工和产业链延伸，不利于优化产业结构，更没法增加地方财政收入，陷入无力无钱抓粮的恶性循环。

三、保持粮食产销平衡的思考与建议

在粮食产销平衡区，保持相应规模的粮食生产、稳住产销平衡基本格局，对全国一盘棋的粮食安全战略布局至关重要。根据国家对平衡区"产销基本平衡"的定位，从粮食全口径估算，全国粮食产销平衡区实现"基本平衡"需要1.78亿吨粮食，目前产能1.15亿吨、缺口6 276.5万吨。其中，西北地区实现"基本平衡"需要5 928.9万吨，目前产量4 548.3万吨、缺口1 380.6万吨。11个产销平衡区中西北5省份缺口仅占平衡区总缺口的22%，这离不开当地政府和农民几十年如一日坚持抓粮、艰苦付出。陕甘两省的抓粮经验表明，在西北地区实现稳定的产销平衡是有基础、有条件的。未来继续稳定西北地区粮食生产供应，关键要做好黄河流域旱作农业这篇文章。

西北是我国水资源严重匮乏地区，但相比水土资源更加吃紧的以色列，其农业先天条件仍有一定优势，西北的人均水资源量、人均耕地数量是以色列的12倍和4倍。但资源利用效率有差距，西北地区每立方米灌溉水生产2.64斤粮食，比以色列低1斤。水资源利用效率问题不能忽视，西北农田灌溉有效利用系数为0.55，而以色列农业水资源利用程度高达0.95。充分借鉴以色列节水用水模式，如水资源有效利用率再提高，西北地区耕地粮食生产潜力和可持续发展能力将迎来新突破。

进入21世纪以来，我国北方地区气温升高、降水增加明显，气候呈现暖湿化趋势。据国家气候中心数据显示，2003—2020年，西北地区每10年降水量增加5.5毫米、升温0.25℃。气候变化对植物体内物质转移和积累具有良好作用，也使一些严重缺水的土地转化为可利用的耕地，有助于增强西北地区粮食生产能力。以色列年降水400毫米左右，是陕西的一半，和甘肃相近，目前该国已有80%以上的灌区采用滴灌技术，使单位面积土地耗水量下降了50%~70%，水最高利用率达95%，现代农业发展有力增强了以色列农产品保供能力和国际竞争力。大力发展旱作节水农业、覆膜技术可以增强西北地区粮食和农业可持续发展能力。

陕西、甘肃、宁夏、青海、山西、内蒙古西部等黄河中上游省份都属于旱作农业区，这些地区土地面积大但利用率较低，春季干旱少雨，光热资源充足，光、热、水、土资源远没有释放出应有的生产潜力，依靠重大的技术创新并采取切实有效的农业技术措施，增产潜力巨大。2010年后，甘肃以全膜双垄沟播、全膜覆土穴播为代表的旱作农业技术推广应用，解决了水资源总量和有效降水不足、粮食产量低而不稳的历史难题，使自然降水利用率由40%最高提高到80%，玉米种植区域由海拔1 800米提高到2 300米，仅甘肃就扩大玉米适种面积33.3万公顷，在正常年份全膜双垄沟播玉米较半膜玉米平均增产30%以上，粮食生产可控性和稳定性大大增强，也带动了草食畜牧业的快速发展。

同时，甘肃利用戈壁、沙滩等不适宜耕作的闲置土地，以节地节水节肥的高效日光温室为载体，大力发展以戈壁农业为主的设施农业。充分利用河西地区100万公顷戈壁、荒滩、盐碱地和废弃地等资源，集合光照充足、温差大、病虫害少等独特优势，集成有机营养枕、水肥一体化、保护地栽培及光伏新动能等技术，在不打一口井、不新增用水量、不改变地表结构的前提下，着力发展绿色有机蔬菜、瓜果等优质绿色产品。2018年，酒泉非耕地日光温室超过9 000座，受益农户人数5.6万人，人均增加纯收入2.7万元/年；张掖的临泽县发展戈壁农业210.5公顷，其中钢架拱棚设施蔬菜示范点31.1公顷，日光温室示范点179.4公顷，这些大棚蔬菜不仅收入高于普通大棚,而且棚均成本仅8 660元,比传统日光温室的低7%,比普通大棚节水30%、节药67%以上。目前全省戈壁农业建设面积超过5 000公顷,河西走廊的戈壁荒滩逐步成为西北乃至中亚、中东欧"菜篮子"供应基地。

甘肃实践对全国旱作农业区具有普遍的借鉴意义,结合戈壁荒滩与高山冰雪融水、光伏资源以及设施栽培、高效节水肥等先进技术,既丰富了餐桌,又解决了日臻突出的保障粮食安全和发展优势特色产业之间用地矛盾。因此,要把发展旱作农业提高到保障粮食安全的高度来认识。在政策、技术的融合支持下,采取以下举措。

制定与黄河流域高质量发展战略相适应的旱作农业方案。黄河流域是中华文明的发源地,具有悠久的农耕历史与科学种养制度,先人探索了很多经验做法,以地养地、蓄水保墒。黄河流域高质量发展农业是基础、是亮点,特别是旱作农业节水有突破,高质量发展就有了保障。做好新时代旱作农业大文章,需要新理念、新装备、新技术。**要加快建立西北新型旱作耕作制度,以实现粮食产需平衡为目标,以发展农业节水为中心,坚持以水定产,调减低产粮食品种种植,增加马铃薯玉米面积,扩大优势品种小杂粮,提高耕作种植与降水周期匹配度。**引进先进技术装备,围绕蓄住天上水、保住土壤水、用好地表水、深挖节水潜力、提高用水效率。

产销平衡区粮食主产县应与主产区产粮大县享有同等待遇、同等支持力度。在国家800个产粮大县名单中,产销平衡区有93个县,其中甘肃7个、陕西16个。根据产粮油大县奖励资金办法中常规产粮大县入围条件,甘肃有20个县产量达到4亿斤,陕西有17个县达到4亿斤。2019年,20县合计产量占甘肃全省粮食的52.4%,17县占陕西全省的40.8%。产量超过4亿斤大县是保障平衡区粮食供给的骨干和主体，要高度重视、加大支持。目前中央的粮食支持政策主要针对主产区，而对于产销平衡区的粮食大县支持不够。调研中了解到，中央对陕西粮食大县的支持与邻省河南相比有差异，未能充分享受到政策红利。粮食产销平衡区的粮食大县，与主产区大县有同样功能，甚至在局部区域发挥的功效影响更大，应享有粮食主产区同等待遇，需进一步加大高标准农田建设力度，增加资金投入，实施高标准农田建设再提升工程。同时，针对部分产粮大县粮食减少已不符合现行标准的现象，要动态更新产粮大县名单，以便更加精准支持。

出台绿色技术补贴，加大保险支持力度。西北地区作为水资源最紧缺、生态环境最脆弱、节水需求最迫切的区域之一，要把发展旱作节水农业与生态环境治理结合起来，加大节水工程设施、节水农业技术推广、地膜回收等绿色补贴支持，发挥政策的绿色导向和激励效应。在实行差别化水价政策、完善农业用水价格形成机制、发挥水价促进节水杠杆作用基础上，探索建立农业用水精准补贴和节水奖励，对采取节水措施、调整种植模式的新型农业经营组织分类补贴。同时，提高西北生态脆弱地区政策性农业保险的保障程度，完善风险区划和费率调整机制。实行区域差别费率，将生产县域分为高、中、低3个风险等级，设置不同的执行费率。整体下调农业保险起赔线，由原来的30%下调到15%，进一步扩大种粮农民权益保障范围。

优化产销区有序衔接、央地协同调控的储备机制。当前形势下粮食安全从总量矛盾转化为区域平衡问题，加快构建供给稳定、储备充足、调控有力、运转高效的粮食安全储备体系是保障粮食区域、品种、阶段上基本平衡的关键。从调研的情况看，县一级粮食储备效率较低，财政压力大。会宁县裕丰公司现有储备粮食都是从河南等地外购，2008年以后储备就没有再启动。中储粮蒲城直属库反映国家和地方储备时常不协调、集中出库入库、入库价格高、出库价格低，轮换的价差自负盈亏。建议国家将粮食物流仓储系统建设支持向分销任务较大、仓储设施薄弱的产销平衡区倾斜，建立起产销区高效衔接的运输仓储系统。改革粮食储备功能定位，发挥好中央和地方两级储备吞吐协同效应和调控合力，优化粮食品种结构改善和粮食生产调节功能。中央粮食储备强化战略保障、宏观调控和应急功能，增强防范抵御重大风险能力，地方粮食储备发挥好调节区域内粮食余缺以及粮食结构调整带动作用。合理确定中央和地方政府的粮食储备规模和口径，综合考虑产销比、库销比、自给率和地方财政状况、经济发展水平等因素，科学确定储备粮规模，实行差别化市场化的轮换调节管理机制。

加大新型经营主体支持力度，鼓励发展农牧结合。 西北旱区大多以草地植被为主，草地面积23.9亿亩，是全国最大的农牧交错区，依托自身自然禀赋，发展以旱作农业、草食畜牧业和转移就业为重点的富民产业，能把保障重要农产品有效供给和农牧民增收有效结合。建议进一步推进粮饲协调发展，开展粮改饲和种养结合模式示范，以青贮玉米为重点推进草畜配套，加快优质饲草料生产基地建设，建立粮草兼顾新型农牧业结构，推动种植业结构调整和畜牧业提质增效。同时，强化组织化程度，加大流转土地自种、订单生产等种养紧密结合的新型经营主体支持，把握适度生产规模，鼓励开展专业化、集中连片的饲草料种植，推进种养一体化循环农业示范基地建设，支持培育多种形式的畜牧养殖废弃物资源化利用的新型经营性服务组织和新型治理主体。

探索实施环保、加工等补贴，支持粮食就地加工。 因资金缺乏、贷款困难及补贴缺位等因素，粮食加工企业设备更新慢、新技术研发应用慢、环保压力大，直接影响到原粮增值。建议加大支持粮食加工企业，发挥加工企业的"蓄水池"作用。研究实施粮食加工企业技术创新升级补贴和生态环保补贴，通过贷款贴息、项目支持、税收优惠等举措支持企业技术升级改造，加速粮食精深加工及新产品研发；采取低息、无息环保设施贷款，或者由地方政府集中投资建设共享环保设施等方式，解决加工企业面临的环保制约问题。支持粮食就地加工，对粮食加工企业的免（减）税优惠额度作为中央对主产县税收定量返还的核算依据；粮食产区兴办加工业，企业用电按农用电计价。

执笔人：崔奇峰、普蓂喆、甘林针、陈　希、张　琳、王志伟、张东伟、钟　钰

课题指导：陈萌山、袁龙江、魏胜文

把东北建成国家更高水平的粮食产业基地

——基于黑辽两省五县（市、场）的调研

【摘要】 通过对黑龙江辽宁两省五地调研发现，2021年东北继续保持粮食生产的好势头，特别是高标准农田建设、涌现的新技术新模式新粮人，对稳定粮食生产、提升粮食质量作用明显。但也面临种粮收益不高、种粮主体老龄化、市场疲软、地下水开采过度等问题，建议明确粮食在东北振兴战略中的重要地位，创建东北粮食特区，建立更加适应资源环境约束的粮食生产体系，完善制度化种粮补贴政策，加大对粮食主产区转移支持力度，发展托管等多种形式社会化服务，加强水利设施建设，促进黑土地保护，建设更高水平的粮食产业基地。

东北在我国粮食生产中具有举足轻重地位，对确保国家粮食安全贡献巨大。2021年9月中旬，中国农业科学院"中国粮食发展研究"课题组专程赴黑龙江、辽宁调研。先后到黑龙江富锦市、宝清县、八五三农场和辽宁省大石桥市、盘山县，了解2021年粮食生产发展形势、中央强农支粮政策落实情况、粮食高质量发展面临新问题，研究构建东北粮食可持续发展需要采取的重大政策措施。课题组贴近基层，走进田间地头，深入农户和企业，行程

4 000 多公里，访谈种粮大户、合作社、加工企业共 46 个种植经营主体，召开 6 次座谈会。**课题组坚持白天调查问听看，晚上例会思悟论，行程途中整梳纳，充分消化吸收来自基层和实践的第一手材料，通过不断询问沟通形成一个个鲜活的典型案例。**

课题组所到之处，秋实离离，物阜民熙，千里沃田上，一排排大型联合收割机有序穿行，上演着"早上还是地里的田，中午便成袋里的粮"的浩盛秋收场面，农民脸上洋溢着丰收的喜悦。调研五县（市、农场）2021 年粮食面积平均增加 2%，优质品种覆盖率接近百分之百，长势好于往年。其中水稻田间测产数据显示，每平方米水稻有效穗数多了 30 个，结实率提高大约 4.3%，千粒重增加 1 克。据气象部门预报，2021 年东北降霜接近常年略偏晚，霜期正常，有利于粮食收获，好长势转为好收成。2021 年 10 月 27 日黑龙江宣布粮食喜获"十八连丰"，辽宁、吉林预计当年产量也将高于上年。

2021 年，东北地区粮食生产在历史高位上继续丰收，来之不易，但也还面临不少挑战和困难。要在总结推广实践中创造的典型经验基础上，**按照新时代、新理念、新格局的总体要求，立足于打造我国粮食安全的核心基地，强化科技和政策支撑，加快构建粮食可持续发展的体制机制。**

一、东北粮食发展面临的挑战

调研综合反映，当前东北粮食发展面临的问题和挑战，主要有以下 6 个方面。

水稻价格下降、销售疲软，局部出现卖粮难。两省农民普遍反映水稻价格持续低迷，"粮价不得劲儿"，"稻谷最低收购价成了最高价"。近两年，宝清的圆粒稻价格均低于 1.30 元/斤，富锦的为 1.23~1.25 元/斤。富锦宋店村支书张志宇感叹："农民种得好不如卖得好，水稻投入大，投入与回报不成比例，挣得都是辛苦钱。"但玉米、大豆价格高涨，效益驱动下水改旱趋势增强。种粮大户姚洪田说："种旱田省时省力、比较效益高，按照去年玉米和水稻价差，玉米效益在 1.2 万~1.3 万元/垧，水稻挣 5 000 元都费劲儿，还要把补贴算在里面。"2021 年富锦水改旱 20 万亩，宝清 1 万亩水田结束休耕后全部改了旱田。市场饱和导致东北稻米销售疲软，局部地区出现卖粮难。宝清县金峰富硒水稻种植农民专业合作社理事长说："省内玉米好卖，深加工需求大，但水稻没有深加工需求，销售就比较困难。现在市场饱和了，农民只能等着国家收粮。"黑龙江省卧虎泉米业有限公司经理表示："今年大米销售普遍不好，有时候要贴钱卖，江苏水稻收获后，我们的大米基本走不动。"

井灌面积大，地下水下降明显，资源制约开始显现。三江平原多处地区地下水位持续下降，2021 年地下水平均埋深 8.6 米，较 2001 年下降 3.3 米，局部形成地下水降落漏斗。主要原因之一是受水田面积扩大较快影响，富锦水稻面积从 2011 年的 160.41 万亩增加至 2020 年的 402.16 万亩。同时，地表水利用不充分，富锦井灌面积占总灌溉面积的 80%，地表径流总量中的八成以上汇入江海。富锦市东北水田现代农机专业合作社理事长刘春表示，周边地区普遍使用地下水，正常年份水位每年下降 0.5 米。进一步放眼东北，目前东北井灌面积占总灌溉的 47.7%，比全国高 20 个百分点。近 20 年，东北地下水开采程度超过 70%，比全国高 40 个百分点，地下水开采量已经超过可开采量。粮食生产受水资源制约已经显现，尽管东北自然环境和资源条件相对优越，但长期以来实行粗放的发展模式，已经造成水资源局部短缺，局部水位持续下降，以及湿地萎缩、土地荒漠化、盐渍化等生态环境问题。急需采取有效措施，挖掘水资源利用潜力，发展适水、节水的高效农业。

粮食流通主体主要围着国储转，稻谷市场不活跃。 宝清粮食购销主体"收储多而市场流通经营少"特点突出，规模以上粮食企业大多以水稻代收代储为主营业务，服务于政策性收购。据宝清粮食服务中心的同志介绍，当地最大的粮食企业——万里利达集团，现有储备仓容350万吨，储存的300万吨稻谷全是政策粮。但代储费逐年下降，由2016年的86元/吨一路降至当前的66元/吨，在收购季企业每月电费高达200万元，面临资金成本压力大。"产业化主体服务国储"成为抑制大米加工业竞争活力的重要原因。宝清300家粮食购销企业，有水稻加工企业80余家，而具备外销能力的骨干企业仅有17家，2020年宝清70%~80%的稻谷流入政策性库存，仅有少部分进入加工企业。玉米实施临储政策时，也曾面临相似困局，全面放开市场化收购后，这一情况随之改变。**现阶段稻谷经营主体围绕政策性收购开展业务，市场竞争机制没有充分发挥作用，市场活力受到抑制，加工产业疲软。**

粮食单产进入平台期，需要重大技术突破。 2011—2019年，东北粮食单产从747.72斤/亩增长到784.54斤/亩，年均增长0.60%，增速缓慢。多年来，富锦粮食单产稳定在800斤/亩，八五三农场单产相对较高，但一直在1 100斤/亩徘徊。总体看，东北粮食单产近十年增长幅度不大，已经进入平台期。调研还了解到，**2000年审定的郑单958和2006年审定的先玉335，仍是东北春播玉米区的主导品种。大石桥农民反映，本地水稻品种种了30年，已经严重退化。** 粮食单产要有较大增加，这需要在重大技术上进行突破。要继续深入实施"藏粮于地、藏粮于技"战略，强化科技要素投入，增强科技支撑能力，提升粮食生产综合能力。特别在新品种上下大功夫，培育优质新品种，加速品种更新换代，实现粮食种子新突破。同时，围绕构建"良种、良法、良田、良态"相配套的关键技术进行攻关，在节本高效栽培上实现新突破。

处于交通网络末端，运距长、成本高，产业竞争力较弱。 东北粮食外调量占全国60%以上，特别是黑龙江外调量占全国1/3。而黑龙江地理位置偏远，距销区较远，其运费成本高。黑龙江省卧虎泉米业有限公司给我们一个铁路运费明细账，原粮到华北地区的邢台为0.13元/斤，到华东北部的聊城为0.15元/斤，到西南地区的四川成都和遂宁为0.21元/斤和0.25元/斤，到中部湖北武汉和湖南岳阳为0.17元/斤和0.15元/斤。公路运输成本也比较高，2017年东北玉米运至河北的汽运费用达到0.75元/斤，**高位运输费直接降低了东北粮食市场竞争力。** 同时，由于**资源置换商品较少，导致铁路运输效率偏低**。富锦象屿金谷农产有限责任公司负责人表示，当地能和外界资源置换的只有粮食，所以火车来时是空的，铁路运输效率不高。目前铁路运输最先进的一列火车70箱，但整个铁路运力往东北调运时逐站截流，流到富锦的都是50箱和60箱的火车，设施投入用不上，进一步拉低了铁路运输效率。

种粮农民老龄化严重，种粮主体后劲不足。 农村劳动力大量外出打工，留在乡下农民年龄整体偏大。富锦农村户籍人口25万，但农村常住的只有9万，导致农忙时节劳动力短缺。宝清县头道林子村269户、1 118人，但现在种地的122人，基本都是65~70岁老人，种粮"高龄化"问题突出。盘山县太平凯地农机服务专业合作社负责人郑国彬，反映"身边55岁以上的人才愿意种粮，55岁以下的劳动力没有"。种粮收益低和生活环境不配套是难以留住年轻人才的重要原因。宝清县宝清镇和平村吴英瑞是种粮大户，一双儿女是农业方面的研究生，农忙时节会回家帮忙种粮，但他明确表示粮价太低，不希望儿女再回来种粮。关于生活环境的问题，富锦市宋店村支部书记张志宇说"没有产业，浅水养不了大鱼，近十年四五十个考学出去的年轻人，没一个回来的，培养村干部都不回来"。富锦象屿金谷农产有限责任公司副总裁郭晓旭表示提高生活环境质量是留住人才的重要手段，打趣说"只要肯德基能引进工业园区来，人才就能留得住"。本地人才流失严重，外地人才又引不来，种粮主体后劲不足，农忙时节雇工难，粮食生产可持续发展受限。

二、典型案例及其重要启示

在东北粮食生产中，涌现出许多新模式、新典型，展现了"振兴东北粮食先行"的生命力，对夯实国家粮食安全"压舱石"、构建东北粮食发展新体制机制有重要的现实意义。

24岁的"粮二代"，借"机"起飞，借"市"发力，带来新技术新模式。大石桥市沃野农机专业合作社理事长朱宏威是位了不起的女汉子，2009年探索优质稻种植，如今把自家1 150亩水稻经营得红红火火，亩产1 400斤，还带领乡亲们种植优质水稻，是当地农业领军人才。创设"修福牌"大米，全家年纯利润60万元，每斤5元的大米售价彻底改变了卖原粮不赚钱的局面。先后获得全国城乡妇女岗位建功先进个人、辽宁省三八红旗手标兵等多项荣誉。站在母亲的肩膀上，24岁的儿子修基盛大学毕业后，带着满腔热情成为一名有知识的"粮二代"。基于专业优势，儿子迅速成长为新型农机农具操作主力，掌管着全村第一台无人机，还负责"修福"大米电商销售。他在营口市买了房子，对象也是大学生，农忙时候会来帮忙。在谈到怎么被对象看中的时候，他不失东北人的幽默，笑露雪白的牙齿说："看上我黑呗！"这位有理想、有追求的小伙子还是一名预备党员。在粮农老龄化趋势不可阻挡，种粮断代风险日益加剧的今天，水稻种植现代化、产业链延伸增值、母亲爱粮情怀以及言传身教，吸引着24岁的小伙子回归土地成为生力军，坚定了我们对粮食发展的信心。他们如星星之火，需确保其种粮有实惠、收入有预期，工作环境得体面，方可呈燎原之势。

高标准农田建设提升了粮食综合生产能力。高标准农田建设，久久为功。10年来，盘山为建设稳定可靠的粮食生产能力，着力改善耕地硬件，在高标准农田建设投入了大量人力、物力、财力、精力。县委副书记冯大庆给课题组展示了农田水利建设的投入账本。2011—2021年，盘山争取中央高标准农田投入4.33亿元，地方配套资金8.71亿元。通过平整改良土地、建设防洪抗旱设施、治理病险水库、建立健全农田水利排灌保障体系，全县完成渠系建筑物11 554座、平整土地4.67万亩、土壤改良22.5万亩、开挖疏浚渠道2 656.72公里、衬砌渠道1 577.16公里、埋设管道453.92公里、田间道路796.53公里、输变电线路13.08公里；完成扶持农技服务站11个、完善农产品质量监测体系5个。建成高标准农田81.46万亩，占耕地总面积的98%，长期困扰盘山的旱涝盐碱地变成了稳产高产田。盘山县太平凯地农机服务专业合作社的郭斌说："高标准农田建成后，路好了，机井多了，电也通到了地头，合闸出水，浇一亩地十来块钱，省力不说，费用也省一半。"高标准农田建设增强防灾、抗灾能力，做到小灾无影响，大灾不减产，靠天吃饭的局面得到了根本性转变。2021年，盘山县太平凯地农机服务专业合作社水稻亩产达到1 400斤，负责人形象地说："高标准农田这一建，咱农业增收一大片！"如火如荼的高标准农田建设，显著改善了粮食生产条件，机器能下田了，地平灌溉效益更好了，为大力发展高质量农业，提高农民收入打下了坚实基础。

寒地秸秆腐熟全量原位还田技术实现当季减肥增产。东北年产粮食1.3亿吨，意味着每年要处理超过亿吨秸秆，然而秸秆还田是长期困扰农业生产的老问题。每年秋收后春播前，都会因焚烧秸秆污染环境。中国农业科学院北方水稻中心反复实验，以沃华一号复合微生物菌肥为基础，创制了"寒地秸秆全量原位还田缓释多效综合技术"，突破了在低温下保持生物活性分解秸秆的难题。其含有200余种菌株的微生物制剂，耐温阈值宽，能在-50~150℃温度范围内存活；代谢产生的酶具有高度的催化针对性，大大提高催化作用。在10℃以下的低温条件下，用70~90天时间完成95%以上有机物降解。使稻苗插在稻草上不死苗，机插后不需人工补苗，节肥降本还不减产，氮、磷、钾肥分别减施57.76%、30%、60%。还能有效改善土壤质量，当年有机质提升0.1%，容重降低0.1%~0.15%。四时代序，周行不息，老张在宝清种了几十年水稻。10年前，因秸秆还田束手无策，一度放弃了种地。2018年后，老张又开始种地，换了处理秸秆方式。烈烈秋日里，在雁窝岛的霖源山水合作社，看到他的万顷稻田。金波微浪，极目连云的大田里，12片叶的稻花香2号既庭且硕、既坚既好，已经进入完熟期。中午，课题组成员就在这旖旎的秋光里品尝了新米饭，粒粒晶莹，软糯丰腴，农业新技术把稻谷的清香甘甜精彩地凝示给世人。

稻蟹共生一季双收，种养结合产粮卖蟹两不误，稳产保供农民增收。盘山大力发展稻蟹共生模式，2021年全县41万亩稻蟹田，占水稻面积65%。盘锦绕阳农业科技发展有限公司打造稻蟹综合种养示范区面积300亩，由于设施条件好，螃蟹更大、更值钱，在水稻保本前提下，蟹纯收益超过2 000元/亩，比一般农户500元/亩的收益高很多。在盘山模式影响下，其他市县粮农跟着受益，大石桥市水源海英家庭农场稻蟹套养530亩，水稻亩产1400~1500斤，好地块能收1600斤，虽然自家生产的"绿色水稻也没见到绿色钱儿"，只是按普通水稻价格销售，但蟹的利润还有300~400元/亩。在化肥等生产资料、地租持续走高，"种一年地不如打两天工"问题普遍存在的情境下，盘山大面积水稻采用"一地两用，一水两养，一季双收"的稻蟹共生模式旺盛，实现了水稻+水产的粮食安全、生态环保、农民增收、企业增效多元化效果。在如同大熊猫般珍贵的黑土地上不"种工厂"而种粮食也可实现增收，对确保我国粮食安全战略具有重要意义。这是对"要持续抓好农业稳产保供和农民增收，推动农业高质量发展"最有力的回应，国家粮食安全就需要有这样的创新模式来示范引领。

大仓储、深加工、支撑下游产业链，构建共生共赢粮业生态圈。在富锦象屿金谷农产有限责任公司大厅里，一幅玉米加工系列产品树状图，展示着玉米产业链条上的大家族，淀粉、食用酒精、燃料乙醇、谷氨酸、蛋白饲料等形成的玉米深加工系统，广泛应用于纺织、食品、医药、材料等行业。该公司围绕玉米，建设产业链综合服务园区，依托自身500万吨粮食仓储能力，与政府联手沿产业链招商，引进化工、医药和食品等下游企业。目前入驻的有总投资5.6亿元的香港海资生物工程技术有限公司年产6000吨菲汀项目、总投资14亿元的30万吨燃料乙醇项目、总投资8亿元的诺潜生物3万吨氨基酸项目等。富锦象屿金谷农产有限责任公司的淀粉乳、蒸汽、电力通过共享管廊直接输送到下游企业车间，省去了淀粉烘干、包装、运输环节，大大节约了上下游企业的时间和成本。下步园区继续引进糖醇、食品等企业，让园区成为一个大车间，玉米淀粉不出园，就被"吃"完了。**通过产业链延伸，富锦象屿金谷农产有限责任公司做到了让"农民增收、企业增值、地方增税、国家增产"**。粮食收购半径辐射周边150公里，收储量占周边区域产能的 70%，惠及 8 万农户，售粮人 4 小时即可拿到货款。玉米深加工建在粮堆里，就地加工转化提高附加值。之前经营贸易粮往外运，1 吨只赚 10~20 元；之后陆续加工成淀粉，每吨能赚 300 元；加工成药品往外运，收益更高。企业年利润 1 亿元，从 2015 年至今纳税 8.4 亿元，吸纳就业 1 000 余人。

立足当地资源，以粮食优势为支撑，助力加工企业崛起，是东北振兴的希望，富锦象屿金谷有限责任公司产业布局是对这一思路的成功实践。通过"一个园、一条链"的产业发展战略，把深加工建在粮堆里，引入下游加工企业，延伸玉米产业链条，构筑共生共赢的粮食价值生态圈，实现"农头工尾"，提升全产业链价值。之前富锦建了拖拉机厂、烟草厂、轧钢厂等企业，但因非立足本地产业优势而陆续倒闭。2021 年中央一号文件提出建设国家粮食安全产业带，要鼓励更多这样的企业"嫁"到主产区，大集团大企业有其他产业作为支撑，抗风险能力更强，到原粮产地投资可更有力地支持国家粮食安全。

"库企联姻"共享国有仓储设施资源，实现储备与市场有效对接。 营口金桥粮食集团有限公司是收储水稻的地方国有企业，营口渤海米业有限公司是集水稻种植、加工、销售为一体的加工企业，他们合作探索出库企合作模式。渤海米业代国有粮库收粮，负责收（轮入）和销（轮出）。金桥粮食集团拥有粮权，监管粮食质量，轮出的稻谷直接进入渤海米业车间。库企合作双方都有裨益，对金桥粮食集团来说，粮食多少钱轮进就多少钱轮出，没有价差损失；对渤海米业而言，8 000 吨原粮需求无需自己储备，收粮用国家收储的钱，节约了经营成本。同时，与金桥粮食集团密切合作，提升了企业形象。库企合作这一有益探索，确保储备功能发挥的基础上，提高了储备效率，可充分发挥国家储备库优质资源，激活各市场主体活力。"十三五"期间，全国新建仓容

5 000万吨；2021年中储粮在东北等粮食主产区、加工带和集散通道启动建设仓容1 085万吨。如果这些新建的仓储设施适当采取"库企联姻"模式，能有效解决国有粮库机制不灵活、储备效率低，也能缓解加工企业原粮资金场地不足的压力。"十四五"是加快构建更高层次、更高质量、更有效率、更可持续的国家粮食战略应急物资储备安全保障体系的时期，库企合作是更有效率、更可持续方向发展的有益探索。

三、促进东北粮食产业发展的思考与建议

在开启社会主义现代化、实现第二个百年奋斗目标的征程中，要实现经济社会高质量发展，首先要确保夯实粮食安全基础，尤其是东北粮食的生产基础。东北是国家粮仓和战略后备基地，2020年，东北粮食产量13 683万吨，占全国粮食总产量的20.44%，比2014年占比提高了6个百分点。按人均年直接粮食消费量141.2公斤计算，能满足9.69亿人一年吃饭。东北为全国粮食增产和商品粮调出作出巨大贡献，2004—2020年全国粮食17年连续丰收，粮食产量从4.69亿吨增加到6.69亿吨，粮食增产的32.26%由东北贡献。全国6个常年粮食净调出省份中有3个在东北。课题组根据人口分布的粮食分省需求估算，2020年全国粮食净调出量中有66.79%来自东北。稳住东北粮食生产，就稳住了全国粮食饭碗的底座。

东北自然环境优越，粮食大县大农场的生产水平已接近发达国家水平。东北与同纬度的美国玉米带、乌克兰玉米带并称为世界"三大黄金玉米带"。昼夜温差大，粮食生育期长，年平均日照近3 000小时，有利于干物质和蛋白质积累，发展潜力大。黑土地

面积约 2.53 亿亩，有机质含量高、土质疏松、适宜耕作，有全世界最大的自然湿地，土壤墒情好。东北水稻种植优质率、机械化水平、规模化程度全国最高。机耕、机种、机收水平均高于全国平均水平。近年来东北粮食生产探索出的有益经验，有效夯实了粮食生产能力。建立粮食安全的东北战略基地，形成拉动现代粮食产业发展的引擎。

明确粮食在东北振兴战略中的地位。 习近平总书记视察东北时，强调要把保障粮食安全放在突出位置，毫不放松抓好粮食生产，积极扶持家庭农场、农民合作社等新型农业经营主体，抓好"粮头食尾""农头工尾"。东北全面振兴，离不开粮食这个基本面，推进东北粮食产业高质量发展，为经济社会领域发展打下坚实基础。要深入贯彻落实习近平总书记作出的重要指示，**系统研究、抓紧制定带有特殊性质的一揽子支持政策，创建东北粮食特区、特色政策、特色支持，形成粮食产业集群，将粮食生产优势进一步转化为产业竞争优势**，为中国农业改革与东北振兴蹚出一条高效、安全、利民的粮食发展新路子。考核东北振兴的效果，要把粮食放在更加重要的地位。在粮食安全党政同责框架下，赋予粮食产业发展更多的考核权重。

建立更加适应资源环境约束的粮食生产体系。 2020 年 9 月 30 日的联合国生物多样性峰会上，习近平总书记指出，我国二氧化碳排放力争于 2030 年前达到峰值，努力争取 2060 年前实现碳中和。东北粮食生产要尽快改变当前过度超采地下水情况，杜绝无序旱改水行为，促进湿地保护。一方面，**逐步建立适水种植制度，尽可能实施雨养农业，以低耗水作物替代高耗水作物**，常景年份自然降水可满足玉米生长，大面积水稻种植已使三江平原成为地下水超采和地下水漏斗区形成和分布的主要集中地。另一方面，采用浅晒浅湿、智能灌溉等节水技术，改善土壤物理化学特性，或通过覆膜和秸秆覆盖减少地面蒸发，从而减少株间土壤的耗水量。合理轮作，改变以单一作物为主的重茬、迎茬种植，发展玉米、大豆与杂粮杂豆、薯类、饲草等作物轮作的黑土地永续利用耕作制度。在东北创建健康和可持续的食物系统，对全国发挥示范性、引领性效应。

建立制度化种粮补贴政策。 为有效化解农资价格上涨对农民种粮收益的冲击，保护农民种粮积极性，2021年中央财政下发实际种粮农民一次性补贴资金200亿元。但一次性补贴具有临时性，不能应对未来农资价格变动。当前成本端煤价超过1 000元/吨，气价高位且短期难跌，市场预期后续紧张，预计对农资的成本支撑效应会继续高位徘徊。建议在东北的乡村振兴战略中，对粮食优先发展、优先支持，2022年在东北全面推开完全成本保险和收入保险。考虑从补贴着手，使补贴隐性化，确保补贴与直接生产者挂钩，根据种植大户需求、政策支持效果和WTO要求，建立制度化技术补贴政策，用于统防统治、深耕深松、黑土地保护等方面。

加强对粮食主产区转移支付、支持力度。 国家粮食安全从来不只是几个粮食主产省的责任，而是全国上下通盘谋划的全局性战略，从全国一盘棋角度，着力建立健全对东北的发展补偿机制，除了进一步加大中央财政对产粮大县的专项转移支付力度，对其还要给予资源转化优惠政策等发展性补偿。从顶层设计上统筹建立粮食专项发展补偿体系，着力开展中央政府向主产区转移、主销区向主产区转移的"两个转移"发展补偿机制。将现在对粮食加工企业的免（减）税优惠额度作为中央对地方税收定量返还的核算依据，进一步加大中央财政对粮食主产县市的专项转移支付力度，增强产区财政能力和调配余地。东北粮食南下面临山海关等关口的通过能力制约，加快打造东北粮食南运走廊，大力支持东北粮食物流设施投入，搭建一条东北粮食主产区与南方主销区以及链接国际市场的粮食流通高速通道，实现物流、商流、资金流和信息流一体化。

发展托管等多种形式社会化服务，推进适度规模经营。为适应与促进现实农村生产力需要，在不改变农民承包土地经营权的前提下，实现土地再集中，促进土地流转与规模经营，是现有制度框架下对农村基本经营制度的丰富和发展。东北耕地资源相对丰富，可率先实现粮食规模化种植，把流转土地通过市场机制将经营权流转给合作农场、社会资本等有需求、有能力的经营主体。同时，惠粮政策综合发力、配套推进，有效规范地租价格，**建议以县为单位，采用定级估价等方法，因地制宜确定地租，有效保障新型经营主体经营权。**农业托管已显现旺盛的生命力，大力推进全程托管、环节托管等适度规模经营模式。探索建立新型职业农民制度体系，培养一支有文化、懂技术、善经营、会管理的高素质粮农队伍，围绕新型职业农民逐步形成体系化、规范化、长期化的政策扶持体系。**对职业农业和家庭农场、专业大户等新型经营主体，采取免费培训、科技扶持、社保补贴、金融扶持等政策，促进他们在农村稳定就业兴业。**

加强水利基础设施建设。东北水资源十分丰富，且远离环境污染、天然纯净，关键是缺少控制性工程。富锦的锦西灌区改造工程，总投资26亿元，工程采用灌排渠沟结合、井渠结合的灌溉系统布置，通过地表水替代地下水，逐步实现地下水与地表水采补平衡。**通过地表水置换地下水的重大工程建设，解决因井灌导致地下水位下降问题，消除东北成为"第二个华北"的萌芽。建议加快建设三江连通工程，利用界江过境水量大的优势，引黑龙江水到松花江流域，再由松花江流域到三江平原腹地乌苏里江支流挠力河流域，解决三江平原地下水漏斗问题。**加大渠系配套工程建设，加强末级渠系工程管护，补齐水利基础设施和水利工程短板，精准推进水利薄弱环节建设。加快推进农业水价综合改革，进一步完善供水计量设施，建立农业水权制度，创新水利融资方式，探索终端用水管理模式，逐步破解农田水利"最后一公里"问题。

依托重大技术创新，促进黑土地保护。贯彻新发展理念，突出科技创新核心地位，围绕黑土地保护关键技术进行重大攻关，施行坡耕地水土流失治理、非侵蚀地区黑土地保育、资源节约型种植等创新技术，探索多种黑土地保护实用模式。针对粮食单产进入平台期，重点加强粮食作物品种创新与配套栽培关键技术研究力度，大力发展高产育种、品质育种、抗病抗逆育种和适宜机械收获株型育种，加速品种更新换代步伐。开展玉米"五大工程"建设，通过"结构调整工程"优化种植结构、通过"良种攻关工程"丰富品种类型、通过"全程机械化工程"促进全程机械化生产、通过"优势玉米产业带建设工程"提高粮食产业国际核心竞争力、通过"烘干设施工程"解决玉米收后霉变问题。推广中国水稻研究所的寒地秸秆技术，加快其技术和成果的转化，引导农户扩大使用范围，群策群力全面推进东北黑土地保护利用。

执笔人：钟　钰、崔奇峰、普蓂喆、王秀丽、姜文来、秦　朗、甘林针、陈　希、刘　聪、王　瑾

课题指导：陈萌山、袁龙江、潘荣光

写在我国粮食"十七连丰"之后

党的十九届五中全会围绕"优先发展农业农村,全面推进乡村振兴"总的目标,强调要确保国家粮食安全等具体任务。2020年底召开的中央经济工作会议,提出2021年八项重点任务,解决好种子和耕地问题,保障粮食安全位列其中。刚刚召开的中央农村工作会议,再次强调要牢牢把住粮食安全主动权,提出"米袋子"省长要负责,书记也要负责。可以讲,保障粮食安全仍然是2022年乃至今后经济工作,尤其是农业农村工作的重中之重。刚刚过去的2020年,我国粮食生产克服新冠肺炎疫情影响,在遭遇南方洪涝灾害和东北连续三场台风的冲击之后,仍保持了稳定增长的好势头,夺取了自2004年以来的第十七个丰收年,来之不易、意义重大、令人振奋。2021年,是全面建设社会主义现代化国家新征程的起步之年,是"十四五"规划的开局之年,如何认识当前我国粮食生产形势,找准现阶段存在的问题,构建新时期政策体系,是保证"饭碗端牢",保障新征程行稳致远必须考虑的重大命题。

一、当前我国粮食生产形势

2020年以来，中国农业科学院"中国粮食发展研究"课题组克服疫情影响，在早稻、夏粮、秋粮收获的关键季节，先后赴河南、安徽、江西、吉林和黑龙江等主产省的10个产粮大县基层访谈调查，结合课题组粮食基点问卷统计，了解的情况与国家公布的统计结果一致，即2020年我国粮食再获丰收。从全国来看，粮食总产13 390亿斤，比上年增产113亿斤，实现连续第十七年丰收。其特点是：**夏粮、早稻、秋粮三季齐丰**，夏粮1.43亿吨，同比增长0.9%，早稻2 729万吨，同比增长3.9%，秋粮4.99亿吨，同比增长0.68%；**粮食面积、单产、总产三量齐稳**，全年粮食播种面积175 152万亩，比2019年增加1 056万亩，单产382公斤/亩，比2019年增加0.9公斤/亩，总产连续第六年稳定在1.3万亿斤以上；**粮食布局、结构、品质三面齐优**，粮食生产功能区综合生产能力进一步提升，种植结构进一步优化，优质粮比例大幅增加；**粮食价格、流通、加工三链齐旺**，河南小麦7月底市价同比高5%~10%，江西早稻9月市价同比高30%以上，吉林玉米10月中旬市价同比高15%，黑龙江稻谷10月下旬市价同比高5%，各地粮食流通交易活跃，涌现一大批产业集聚、精深加工的新业态和新模式。

我国粮食自2004年以来持续丰收，这在历史上和世界范围都是罕见的，美国在1975—1979年连续5年丰收，印度在1996—2001年连续6年丰收，除此之外，联合国粮农组织以及各个国家的统计显示，粮食产量在年际间都是波动的。**2019年，中国粮食总产比1978年增产7 182亿斤，占同期世界粮食增量的31.5%。**

中国粮食的持续稳定发展，为脱贫攻坚、解决14亿人吃饭问题发挥了关键作用，也为世界消除饥饿作出了积极的贡献。同时，**我国粮食这种长时期、连续保持增产的势头，展现的内在规律和发展趋势，正在改变千百年来靠天吃饭的传统生产局面，已经形成与基本国情相符合、与市场经济体制相适应、与国际形势相对接的中国特色粮食治理之道**，在应对2008年金融危机、应对2020年突发新冠肺炎疫情公共卫生事件等重大挑战中，粮食无一例外地成为稳定国内经济社会的"战略后院"，充分体现了习近平总书记粮食安全思想的前瞻性、治国理政方略的科学性和中国特色社会主义制度的优越性。我国粮食生产形成的宝贵经验对制定"十四五"发展规划和2035年远景目标提供了重大启示。

这些宝贵经验，笔者认为有5条。**一是通过经营机制创新，逐步把种粮农户纳入现代农业发展轨道。**主要是发展土地入股、流转、托管等多种形式，建立小农户与种粮大户、农业合作社等新型经营主体之间的合作关系，实现小农户与现代农业有机衔接，以解决农户经营规模小，土地细碎化，经营者老龄化、兼业化等带来的挑战。**二是通过产业融合，逐步把粮食生产融入现代产业体系。**主要是发展循环经济模式、全产业链模式、三产融合模式和新型服务模式，以实现一产和二三产有机衔接，解决种植者收入低、收入不稳定、积极性不高的问题。**三是通过社会化、产业化、市场化多元服务，逐步让生产技术进村入户到田。**主要是运用各种社会化服务创新，大力发展专业化市场服务，不断提高土地产出率和劳动生产率，以实现单产不断提高、增加总产、改善品质、降低物耗，推动农业高质量、可持续发展。**四是通过农田基础设施建设，逐步解决自然灾害对粮食产量的波动影响。**主要是加强国家粮食生产功能区和重要农产品生产保护区高标准农田建设，夯实基础设施，提高农业抗御重大灾害的能力，不断熨平各种灾害对农产品产量带来的年际间波动,有效地协调农业供给与社会需求的关系。**五是通过政策激励,逐步解决主产区政府抓粮吃亏、农民种粮吃亏问题。**主要是用精准政策导向,形成多种粮、多产粮、种好粮的激励机制,大力扶持种粮农民增收致富的能力,大力推动粮食主产区经济高质量发展。

二、我国粮食生产面临的挑战和问题

粮食生产成本偏高,国际市场竞争力不足。与美国等发达国家相比,我国粮食生产成本高,粮食价格缺乏竞争力,导致了"价差驱动型"进口。据测算,2018年我国稻谷成本每吨比美国多811元,高48.4%;小麦每吨比美国多1 003元,高57.59%;玉米每吨比美国多1 183元,高122.94%;大豆每吨比美国多3 119元,高145.11%。中美粮食生产成本最大的差异在人工投入和地租。人工投入方面,中国占30%~40%,美国不到10%。地租方面,中国稻谷、小麦、玉米、大豆分别高出美国42.94%、24.05%、78.41%、143.87%,2018年中美稻谷生产的土地成本相差1 131.45元/公顷、小麦相差2 126.7元/公顷。**因此,降低人工和土地成本,将是控制我国粮食生产成本、提高市场竞争力,需要着力解决的首要问题。**

解决粮食生产成本高的问题,需要从土地入手。**地租一方面构成了粮食生产的主要成本,另外一方面又是土地流转、发展规模种植的主要影响因素。**从课题组的调查看,每当惠粮政策强化后,地租价格顺势上涨;每当市场粮价看涨、种粮收益有所提高,地租价格随即跟进;每当新的技术模式、种植方式推广成熟后,土地产出增加,地租价格迅速推高,许多粮食大户等新型主体形容地租是个贪婪的"老虎口",吞噬了市场的红利、政策的红利和科技的红利,极大地影响了新型经营主体健康发展。过去强调坚持、稳定和保护承包权是必要的,这是维护农村基本经营制度的前提,从深化改革的角度看,下一步,要聚焦经营权、搞活经营权、规范经营权,这是发展粮食规模经营、推进农业生产现代化的有效措施。笔者认为,稳定承包权是确保承包者土地的基本权益,应该包括稳定和规范地租,同时要加大对经营权的支持保护,政策的增量、措施的集成要向经营权倾斜。目的是鼓励土地流转,发展粮食种植新主体,降低生产成本,增强市场竞争力。

粮食主产区财政普遍困难,地方政府持续抓粮积极性不高。课题组2021年调研的农安等10个产粮大县,粮食总产量超过1 300万吨,占全国粮食产量的2%,财政收入却仅有150多亿元,不到全国财政收入的千分之一。产粮大县对国家粮食安全贡献很大,但自身财力差,基础设施建设滞后,人均支出和人均收入水平不及沿海发达地区一半。调查中农安、五常等县领导深有感触地讲:"东北的黑土地,最大的优势是种粮食,用黑土地来招商引资"种工厂",破坏了黑土地,效果也不好,我们都心疼。如果能够让主产区专心地为国家多种粮、种好粮,主要考核种粮,我们就不去搞那些不擅长的工业项目。"

粮食生产水平提升空间大,科技推广装备能力尚有不足。目前农业科技增产潜力巨大,而我国的科技转化水平较低。据农业专家按照现有的创新成果测算,大豆的理论产量为600公斤/亩,而我国目前生产水平平均亩产仅有130公斤左右;水稻理论产量为1 100公斤/亩,我国目前平均亩产470公斤左右;玉米理论产量为2 400公斤/亩,我国目前平均亩产420公斤左右。如何加快缩小我国粮食生产水平和理论产量的差距,当务之急就是要进一步挖掘科技和装备的支撑潜力，充分发挥科技创新对农业产业发展的促进作用。

课题组在吉林、黑龙江调研了解到，2020年9、10月的3场台风正面袭击东北，造成玉米大面积倒伏，产量影响较小，但增加了收获难度。**采用国产收割机收获效率不及原来的一半，收获费用翻了一番，损耗高达15%左右，而美国的约翰迪尔、德国的克拉斯机械能够很好地应对倒伏**，效率高、损耗低。许多大户和合作社反映，我国农机装备"不用不坏、一用就坏"，必须尽快改变我国农机研发、制造落后的局面。

粮食销区和产销平衡区粮食自给率持续走低。数据显示，粮食主销区7个省份平均粮食自给率从2000年的51.2%下降到2018年的17.8%，粮食产销平衡区11个省份平均粮食自给率从2000年的90.4%下降到67.3%。调研了解，沿海粮食主销省份粮食面积下降过大，粮食规模种植、粮食单产水平、粮食机械化耕作水平都普遍低于全国平均水平，这与发达地区经济发展水平很不匹配。西部一些产销平衡省区把稳定粮食与脱贫攻坚对立起来，甚至把粮食作为低效作物强行铲除，增加了边远山区保障粮食供应的压力和风险。

三、关于保障粮食稳定发展的政策建议

在新的发展阶段，中国粮食政策体系急需重新理顺各方关系，进行总体设计和系统重塑。新时期的粮食改革方案，要以习近平新时代中国特色社会主义思想和国家粮食安全战略为指导，深化改革，坚持一个中心、做到两个补偿、兼顾两个市场、突出"两藏"。即坚持市场化改革配置资源这个中心；补偿种粮农民收益、

补偿种粮地区利益；兼顾国际国内市场，依靠国际市场调剂量的不足，依靠国内解决质的提升，确保口粮绝对自给；以高标准粮田为重点推进"藏粮于地"建设，以优质品种及其配套技术、农机转型升级为两翼推进"藏粮于技"发展，加快机制创新，实现技术到田、技术到村。

建立以国内大循环为主的粮食安全观。要建立以国内大循环为主，立足国内实现粮食自主的战略目标。粮食作为应对风险挑战的重要基础，要积极纳入新发展格局。要充分看到，农业尤其是粮食，与国民经济其他领域明显不同。我国经济对外依存度还比较高，但粮食已经形成"以我为主、立足国内"的基本格局，必须倍加珍惜、不断巩固。**当前全球疫情肆意蔓延，保护主义势力抬头、民粹主义横行，世界经济衰退，外部格局发生深刻调整，国际大循环动能明显减弱。面对复杂形势，粮食生产要始终立足国内，加强国内要素融合、主体对接和市场整合，提升循环质量，从而夯实国内基础、有效防御外部风险。**

推进粮食主产区经济社会高质量发展。粮食主产区为保障国家粮食安全功不可没，但与主销区经济社会发展水平差距正在不断拉大。改变"粮食大、经济弱、财政穷"的窘境，是主产区县域经济高质量发展的重要条件，要着力打造种粮大县财政补偿机制。具体来讲，就是要构建中央政府向主产区加大一般性转移支付、主销区向主产区补偿性转移支付的机制，加快补齐主产区基础设施和公共服务短板弱项，保证主产区种粮不吃亏。同时，进一步深化粮食流通体制改革，增强粮食企业发展活力，**推动粮食产业集聚，搞活粮食产业经济。**完善经营环境、服务体系、基础设施打造粮食产业园平台和粮食产业集群，提升主产区粮食生产技术装备和产业化水平，培育新经济、新业态和新模式。出台鼓励政策措施，如在粮食产区兴办加工业的企业用电按农用电计价，就能有效推动当地农产品加工业的大发展。要强化粮食区域保障战略，在充分发挥粮食主产区优势和作用的同时，分区、分品种研究加强粮食生产能力和保障机制建设，进一步明晰粮食主销区和产销平衡区各自在粮食安全保障方面的责任权利。

强化粮食生产政策支持保障。构筑农业补贴、信贷政策、保险政策"三位一体"的联动支持体系，为种粮农户构建收入保障网，让种粮农户经济上不吃亏；制定支持粮食新型经营主体政策措施，加强土地流转监管力度，有效控制规范地租价格，完善地租价格形成机制，建议以县为单位，采用定级估价等方法，因地制宜确定地租，防止地租水涨船高，有效保障新型经营主体经营权。

精准发力落实"藏粮于地、藏粮于技"战略措施。要进一步加大高标准农田建设力度，提高建设标准，采取先建后补、以奖代补、财政贴息等方式引导金融和社会资本投入高标准农田建设，提升防灾抗灾减灾能力。粮食作物种子选育，特别是常规品种选育具有很强的基础性、公益性特征，而且周期长、风险大，需要有相应的投入机制保障。为此建议国家设立稳定的粮食新品种选育科技重大专项，不断增加经费强度，确保"中国粮中国种"。要切实加强农作物种子知识产权的保护，完善品种管理制度，遏制品种模仿、"套包"等现象，进一步营造鼓励自主研发创新市场环境。要大力推动市场主导型的农业技术社会化服务业发展，建立以公共推广机构、社会力量并行的技术推广服务体系，为种粮农户提供先进的科技支持。建立大学生服务粮食新主体的特岗行动计划，吸引更多科技人才到基层工作和服务。黑龙江省双城区农都玉米合作社以年薪12万元聘了一名大学生，有力提升了合作社的发展能力。推动国产农机装备向高质量发展转型，升级国产农机质量与效能，增强粮食作物薄弱环节的机械化水平。加快推进老、旧、小等落后农机报废工作，为种粮农户提供高效的装备支持。

执笔人：陈萌山、钟　钰

对2019年粮食生产发展有关政策建议

在中央的正确领导下,在农业农村部有力指导和推动下,2018年以来,我国粮食生产结构进一步优化,科技水平进一步提高,生产能力建设进一步强化,全年有望继续保持丰收局面。粮食持续稳定发展,成为深化改革和社会稳定的压舱石,为应对外部不利因素提供了有力保障。同时也应该看到,在2017年粮食连续14年丰收的情况下,麻痹松懈的情绪滋生蔓延,放松粮食生产的倾向日益扩大,防止粮食生产好形势逆转和保持明年稳定发展的压力进一步加大,需要坚决贯彻落实习近平新时代中国特色社会主义思想,牢牢把握粮食发展的主动权,采取强有力的政策和举措,确保"中国粮食""中国饭碗"。笔者对2018年粮食生产的分析和2019年粮食生产发展有关政策建议报告如下。

一、当前粮食生产的积极变化

粮食生产基本条件有了改善。高标准农田建设初具规模,为粮食高产稳产打下了坚实基础。2011—2017年,我国已累计建设高标准农田约5.6亿亩,粮食产能提高10%~20%。2018年各地积极划定粮食生产功能区，加强粮食生产基础设施建设取得了新的成绩。如课题组在江西调研时，基层普遍反映，省里统筹资源，强力推进高标准农田建设，标准高、速度快、成效好；受益的农民表示，早晚稻平均亩产比上年增加 200 多公斤，基本达到了旱涝保收、高产稳产的目标。通过高标准农田建设，不仅提升了粮食产能，实现了"藏粮于地"，还加快了土地流转，有利于机械化耕作降低成本。

粮食品种创新有了新发展。 国家粮食作物产业技术体系专家反映，我国粮食新品种不断涌现、配套技术日益成熟。2018 年，中国农业科学院在东北、黄淮海等地区创造了大豆新品种良种良法配套亩产 400 公斤典型和玉米密植高产全程机械化示范田亩产 1 517 公斤典型。浙江省江山市的单季晚稻百亩示范方，采用水稻两壮两高、旱育秧、水稻绿色防控等配套高产栽培技术，经标准水分测定，示范方平均亩产 1 017.3 公斤。小麦"硅谷 829"及配套使用的硅谷有机硅水溶缓释肥亩产 974 公斤。这些新的品种，分别比平均亩产高出 220%、280%、103%、140%，充分显示了我国科技对粮食生产的有力支撑和"藏粮于技"的巨大潜力。

粮食生产技术呈现机械化。"种田要有家把事"，调查地区的粮食生产实现了从播到收的全程机械化，一些种粮合作社已从"种地"向"管地"转变，开着汽车上田头，监督农机作业质量和效率。大量使用农机设备减少了对劳动力的依赖，上百垧玉米全年累计仅需 40 天工时。越来越多的种粮大户通过统防统治推进病虫害治理和绿色防控，湖南湘阴县扶持发展病虫害专业化服务组织 22 个，全年承包代治服务面积 2 000 万亩次，农药使用量实现负增长，大大减少了农资支出。

规模性种粮主体呈现专业化。 规模性种粮主体的代际过渡特征明显，"75 后""80 后"成为新一代主力军，在吉林榆树市和前郭县，课题组看到很多大户年龄都是三四十岁，他们乐于接受各种专业技术培训。在黑龙江的赵光，每年由农场出钱支持种粮合作社外出找市场、寻技术。这些新粮人通过多元经营三产联营，开展粮食收购业务和少量的初加工业务，或者进一步发展乡村旅游、农业休闲、农家餐饮等三产，拓展增收渠道。

粮食加工企业集聚发展、迸发活力。粮食政策深刻变革后，理顺激活了加工企业产业链，许多加工企业生产经营呈现规模扩大、销售活跃、效益较好的局面，比20世纪末由地方政府主导创办的一批粮食加工企业有竞争力。2016年投资的北安象屿金谷农产有限责任公司60万吨玉米深加工项目，9个月就完成了开工建厂的所有过程，当年投产、次年见效益，并从嘉吉、邦吉等公司引进成熟型人才。主营优质稻业务的企业产品销路好，产量和销量持续上涨，据前郭县绿和源米业有限公司介绍，仅一个客户的月需求量就从三五年前的300吨增加到现在600吨。

二、粮食发展形势的初步判断

当前，中国经济依然处在新旧动能转换的关键期，新的增长动能总体上看还处于发育期，此时更容不得粮食生产有任何闪失。我国粮食连续丰收是在复杂的国际环境、关键的历史时期、重要的经济社会发展阶段、多变的自然气候条件下取得的。因此，需要特别重视"两个底线""三个转折"。

粮食产量绝不能低于12 000亿斤这个关口，这是满足国内需求的安全底线。我国正处于膳食结构转型升级期，依据饮食习惯与我们较相似的东亚发达国家（地区）发展历程来看，未来人均粮食消费水平仍将保持增长状态，且动物产品消费需求的增长是推动人均粮食消费需求增长的主要动力。2014年我国人均粮食消费量已经超过420公斤，以2017年末全国13.9亿人口计算，至少需要11 676亿斤粮食。若考虑净进境到我国旅游及商务活动超过6 000万人次带来的消费和粮食产后损耗情况，以及人口新增消费，目前我国粮食总需求量不应低于12 000亿斤。近几年来，在粮食连续丰收的情况下，麻痹思想在一些地方领导干部心中悄然滋生。如果不及时遏制粮食面积大幅减少的倾向，2019年跌破12 000亿斤风险在加大，危及"中国饭碗"的不利因素在蔓延。**水稻、小麦、玉米三大主粮自给率不能低于95%，大豆自给率不能低于20%，这是满足国内需求的自给底线**。近几年，我国水稻、小麦、玉米持续稳定发展，国内自给率一直在可控范围内。大豆进口连创新高，2017年进口9 553万吨，国内自给率不到15%，不仅拉低国内粮食整体自给率，而且冲击国内蛋白大豆稳定发展。中美经贸摩擦再次验证外部冲击不可小觑，不能侥幸过多依靠国际市场平衡国内供求关系。美国的贸易霸权行径重新引发了对粮食贸易与国家粮食安全的思考。在中美贸易争端中，粮食已经成为重要的筹码。20世纪50年代以来，国际上一共发生了10次粮食禁运，其中8次由美国发起。中美贸易摩擦不断加剧的新形势下，无论最终走向如何，都给我们上了生动的一课，对当今世界格局、国际贸易、保护主义等有了更直观的认知。

2016年成为我国粮食种植面积增减的转折之年。2016年，粮食面积曾达到17.9亿亩，为进入21世纪以来最高水平。其后，国家引导种植业结构调整力度不断加大，粮食面积逐步减少。2018年面积继续减少，全国夏粮播种面积4亿亩，比2017年减少246万亩，下降0.6%。农业结构调整不意味着放松粮食生产，反而要始终秉持粮食安全思维。要跳出粮食生产和农业结构调整相互龃龉的思维定式，探索出粮食生产和农业结构调整二者协调发展、相互促进的新路。尤其要警惕以调整种植业结构为名，大幅减少粮食面积的倾向，通过兴建现代农业产业园、田园综合体等侵占粮食生产的行为。**2018 年有可能成为我国粮食连年丰收后高位回落的转折之年。**2018 年夏粮、早稻略减，秋粮主产区有增有减，全年粮食生产在克服多重困难的情况下，仍能保持 12 000 亿斤以上的较好水平，但要比 2017 年增产比较困难。笔者在调研中，深刻感受到近两年不少新上任的地方领导对粮食地位的历史认识有限，一定程度存在不重视、轻视，甚至忽视粮食生产的现象。笔者对 2019 年粮食生产面临的问题比较忧虑，确保面积稳定、产量稳定十分艰巨。**2019 年有可能成为粮食"收不了""储不下""销不动"局面改变后发生供求关系转折之年。**前些年一直存在对粮食高库存问题的担忧，实际上大量粮食进入仓库并不是意味粮食绝对量多了，只是由于价格关系没有理顺，很多用粮企业产能开工率不高，甚至闲置。从最近对黑吉两省的调研情况来看，市场化改革后理顺价格传导体系，激发了市场活力，激活了产业链条，显著扩大市场接受容量。持续大量去库存，各类市场主体积极响应，尤其是面向南方主销区流通日渐活跃，市场需求旺盛。当地粮食部门表示，近一半的储备库已完全腾空，超出了主管部门主观预想。在目前秋粮陆续上市之际，主产区市场价格趋涨，主销区采购活跃，国家主动收购数量减少，粮食供求形势正在悄然发生变化。

三、政策建议

（一）牢牢抓住粮食生产主动权不放松，不折不扣地贯彻落实习近平总书记关于粮食安全的重要指示精神

"要牢记历史，在吃饭问题上不能得健忘症，不能好了伤疤忘

了疼",这是2013年中央农村工作会议上习近平总书记的谆谆告诫。习近平总书记高度重视粮食问题,粮食生产的主动权要牢牢抓在自己手上,这是今后指导粮食生产的重大战略思想。抓住粮食生产主动权,就要全面贯彻落实粮食安全省长责任制,以科技进步为抓手,让粮食生产插上科技的翅膀,增加粮食生产的稳定性、可控性。现在有一些地方领导对粮食生产有放松和麻痹意识,主动抓粮食的少了,强化粮食政策措施自觉性弱了,甚至在发达地区,粮食作物沦为景观农业。在外部冲击面前必须坚定不移地筑牢"中国饭碗"的底座,切实把习近平总书记重要指示精神落到实处。

(二)科学合理推进农业结构调整,不能以调整结构为名减少粮食生产

转变发展方式,调整农业结构,绝不意味着要调减粮食生产。我国目前粮食产量虽已超过1.2万亿斤,但粮食供应仍处于"紧平衡"状态。"紧平衡"将是我国粮食供求的长期态势,如果对粮食生产稍有松懈,"紧平衡"就很容易被打破。粮食结构调整只能优化,不能减少粮食生产,要以品质提升、结构优化、供求协调为导向,调整粮食耕作制度,精准细化地分区施策。同时,适度发展经济作物轮作间作,把畜牧产业发展需要与粮食结构优化相结合。据专家测算,同样一亩地全株青贮玉米营养价值是籽粒玉米的3~5倍,因此要大力推进粮经饲结合,积极发展青贮玉米等替代作物。

(三)深度挖掘科技对粮食提升的潜力,给粮食生产插上科技的翅膀

目前我国粮食生产水平和理论产量还有很大差距,粮食作物专家表示大豆理论产量为 600 公斤/亩、水稻为 1 100 公斤/亩、玉米为 2 400 公斤/亩，其中美国玉米单产已达 2 071 公斤/亩。进一步深挖科技的支撑潜力，有助于减轻资源环境约束、确保国家粮食安全。种子和农机是农业科技的两大载体，急需理顺作物性状与气候条件、生产条件和市场需求等不匹配情况，根据气候变化和气象条件研发抗寒抗旱抗倒伏品种。顺应机械化种植的技术要求优化植株高度、果实含水量破碎度等性状，把握市场需求开发优质品种。加强农艺与农技配套、缩小试验田产量与实际产量的差距，针对水田旱地、耕作环境、种植规模等差异特征，开发配套的全套植保技术。

(四) 全面实施粮食价补分离政策，构筑补贴、保险与贷款的"三位一体"生产支持体系

在总结玉米生产者补贴情况的基础上，建议 2019 年取消稻谷小麦最低收购价政策，全面实行粮食生产者补贴。考虑从保费补贴着手，使补贴隐性化，确保补贴与直接生产者挂钩，根据种植大户的需求，加大保险保费补贴，降低种植风险。调整保费补贴分摊办法，进一步提高产粮大县保费补贴标准，取消主产区市县政府配套保费补贴。在完善粮食作物完全成本保险和收入保险试点基础上，持续深入推进种粮保险"扩面、提标、增品"，做到应保尽保。利用现有已从补贴中提取的部分作为贷款风险保证金，推广"银行+保险+风险保证金"模式，加大对新型经营主体贷款贴息、融资担保等扶持政策。结合种植作物周期调整农民还贷梯次，针对还贷期与售粮季交叉重叠的问题，可根据农民种植作物生长周期特点，延长或缩短贷款期限，实行错峰还贷。支持发放种粮中长期贷款，对中长期的贷款给予税收减免、财政贴息、融资担保等扶持政策。

(五）建立健全"两个转移"发展补偿机制，增强产粮大县可持续发展动力

长期以来，产粮大县一直没有摆脱经济小县、财政穷县的困境，本级财政基本没有能力投入粮食产能建设。要着力建立健全"两个转移"的发展补偿机制，除了进一步加大中央财政对粮食主产县的专项转移支付力度，对产粮大县还要给予资源转化优惠政策等发展性补偿，对产粮大县的大型农业农村基础设施、义务教育等纯公共物品，中央财政要担负起主要责任。主销区是当前国家粮食政策最直接的受益者，大大增加了其发展机会，除了在主产区和主销区的财政收入间形成利益补偿关系，还要鼓励销区企业到产区投资，提升产区粮食生产技术装备和产业化水平，培育新经济、新业态和新模式，推动现代产业经济快速发展。

(六）加强国内外涉粮风险预警研判，防止外部冲击转化为内部干扰

因为有着可靠的粮食生产根基，中国才能在世界经济的汪洋大海中屹立不倒。在国内经济转型与世界局势变换相交织的关键阶段，要加强对国际风险的预警和防范。对外，要加强对全球粮食产量、能源价格、天气变化、运输风险等追踪及关联性研究，建立全球粮食产业发展贸易风险观测平台。对内，要严控粮食过度加工，规范金融市场，加强对涉粮金融衍生品的研究，控制粮食能源化、金融化的传导效应。针对当前中美贸易摩擦给国内农业带来的风险和冲击，要坚持维护国家利益，积极拓展多元进口、布局全球产业链条。面对未来贸易保护主义、孤立主义、民粹主义等倾向抬头带来的世界经济秩序不确

定性，应进一步促进粮食产业转型升级、提高产业竞争力、加快全球战略布局，合理确定风险防控边界和启动标准、制定风险防控预案。

执笔人：钟　钰、普蓂喆、袁龙江、陈萌山

下篇 研究报告

全球疫情蔓延对粮食安全冲击及应对策略

【摘要】 2020年3月24日以来，先后有越南、俄罗斯、柬埔寨等12个国家紧急宣布实施粮食出口限制，不排除后续还会有更多国家跟进。综合判断分析，这些国家实施粮食出口限制，当下不会危及我国粮食安全。但是国际粮食贸易链运行受阻、对我粮食品种调剂，以及粮价上涨的影响值得高度关注。我们要坚决贯彻落实习近平总书记对全国春季农业生产的重要指示精神，建议"六稳"之前先"稳农业"，千方百计实现粮食1.3万亿斤以上战略目标，构筑粮食稳定发展的长效机制，为经济社会发展长治久安提供坚强保障。

21世纪以来，全球经济一体化进程加快，农业合作程度日益加深。同历史相比，最近10年是农产品国际贸易增长最快的时期，2008—2018年世界农产品贸易额增长了36%，年均增速3.1%。农产品贸易已经成为各国资源互补、调剂余缺、弥补丰歉的重要手段。以我国为例，2018年我国进口了1.3亿吨农产品，相当于9亿亩耕地，农产品进口规模比10年前增长近3倍。我国已经深度融入国际农业价值链，全球贸易变化将迅即向国内延伸。2020年新冠肺炎疫情突然暴发，对产业发展的冲击通过贸易、价值链、金融市场等渠道传导至世界各国，引发了国际社会的普遍担忧甚至恐慌，出于对疫情发展前景预期不明的考虑，一些国家立即出台了控制粮食等重要农产品货源求安求稳的国家策略。2020年3月24日以来，**先后有越南、俄罗斯、柬埔寨等12个国家紧急宣布实施粮食出口限制，不排除后续还会有更多国家跟进。综合判断分析，这些国家实施粮食出口限制，当下不会危及我国粮食安全。但是国际粮食贸易链运行受阻、对我粮食品种调剂，以及粮价上涨的影响值得高度关注。**我们要进一步加大政策支持力度，千方百计实现中央提出的粮食产量稳定在1.3万亿斤以上目标的同时，密切监测国际粮食市场变化、有效调度稳定国内粮食市场，着眼重大疫情过后国际关系深度调整的挑战，透视粮食贸易主要限制政策的本质，立足国家战略发展需要，认清当前我们粮食生产面临的主要隐患与问题，研究完善根本性措施，坚决打牢国家粮食安全的基础，为经济社会发展长治久安提供坚强保障。

一、疫情对全国粮食市场的影响不断加大加深加重

20世纪，出于政治形态或贸易争端，西方国家经常以惩罚别国为目的的制裁禁运（附件表1），成为影响国际粮食市场异动的主要手段，这种影响一般是局部性的、国别性的。进入21世纪，经济危机及公共卫生事件多发频发，出口限制在世界粮食市场异动中显现出强大的推手作用，其影响是全球性的，危害更大更深。目前疫情在全球愈演愈烈，截至2020年3月31日，有新冠肺炎确诊病例的国家地区飙升到203个，多国采取粮食出口限制的方式以求自保，此次疫情的负面影响如多米诺骨牌般迅速波及农业贸易领域，已有29个国家对来自我国的农产品采取贸易管控措施（附

件表2）。仅2020年3月24—31日，俄罗斯、越南、印度、哈萨克斯坦、乌克兰等12个国家宣布或启动了粮食出口限制禁令（附件表3），国际粮食市场价格应声上涨，国际组织和许多国家迅速作出反应，充分显现了粮食出口限制的高度敏感性，以及带来严重后果的不可控性，对全球粮食安全影响深远，需要我们深刻分析准确把握疫情突发事件引发粮食市场异动的特点。

粮食出口限制政策实施具有不可控性。由于WTO《农业协定》对粮食出口限制内容欠缺详细规定，只是要求"设立出口禁止或限制的成员应适当考虑此类出口禁止或限制对进口成员粮食安全的影响"，许多关键条款是含糊性、原则性要求，甚至是道义性规劝。操作性弱的缺陷导致其不能有效规范和约束粮食主产国的政策与行为，WTO争端解决机制也不能提供好的法律救济方式。正是由于WTO没有形成一套严格管制和约束成员国出口限制的规则、机制，成员国实施出口限制的成本几乎为零，所以不少国家可以随意、随时采取粮食出口限制措施，甚至理所应当成为一个国家的主权行动。目前的贸易协定，对实施粮食出口禁止和限制的国家难以有效约束。

粮食出口限制政策实施具有突发性。不同于传统的自然、军事、政治威胁，金融危机、公共卫生事件诱发的全球粮食危机问题令人猝不及防。疫情不太严重的越南最早实施粮食出口限制，该国总理阮春福2020年3月18日在《至2020年国家粮食安全》提案的有关会议上，突然释放出粮食出口限制的信号，不啻平地一声惊雷，迅速大面积占领国际媒体头条。之后，柬埔寨于3月30日下令，暂时禁止出口大米和稻谷。俄罗斯在3月31日宣布对商品采取干预性措施，4月1日开始对小麦和混合麦、黑麦、大麦、玉米（不含种子）实行出口配额管理。

粮食出口限制政策实施的频率频次加快。21世纪以来，首次大规模的全球粮食出口限制行动发生在2008年金融危机期间，共有33个国家先后出台粮食出口限制政策，导致国际粮价上涨幅度超过400%，成为中东北非很多国家颜色革命的导火索。在这之前全球粮食危机发生的时间可以追溯到1973—1974年，时间间隔长达34年。2008年过去仅仅3年后，2011年全球自然灾害和投机的负面影响再次引发了新一轮全球粮食危机，造成全球有8.7亿人处于饥饿或营养不良状态。2020年，疫情影响下的全球粮食危机已初见端倪，粮食出口限制政策的实施已经成为一些国家应对突发事件的惯用手段。

古往今来，粮安天下，万国如此。国际粮食市场波动除了自然灾害等传统因素影响之外，突发公共事件带来的异动，使粮食作为特殊商品的战略属性越来越强化，由于各国政府不可控的主观行动，通过国际贸易确保世界粮食安全，特别是不同国家的粮食安全带来新的挑战。

二、疫情当下审视我国粮食安全的喜与忧

疫情防控是面镜子，折射出一个国家的治理体系和治理能力。新冠肺炎疫情是新中国成立以来在我国发生的传播速度最快、感染范围最广、防控难度最大的一次重大突发公共卫生事件。习近平总书记亲自部署、亲自指挥、亲自领导这场斗争，目前国内疫情得到有效遏制，彰显了中国特色社会主义的制度优势，映射出我国强大的治理体系和治理能力。疫情发生后，为阻断病毒传播，各地封城封村，但充足的粮食供应确保了百姓有饭吃，稳住了民心，没有出现抢购粮食和哄抬粮价的现象，这是极其了不起的壮举和成就，粮食安全压舱石沉稳有力。当前，疫情仍在全球扩散

蔓延，针对许多国家紧急自保宣布粮食出口禁令，FAO 警告全球将遭遇新一轮粮食危机。不少专家研究指出，随着疫情的发展，还可能有更多的国家加入禁止粮食出口国的行列，国际粮食贸易供应链面临断裂，2020 年年底前难以全面恢复。面对目前严峻的形势，笔者分析，我国农业坚实的基础、粮食充足的储备和稳定的产能，完全可以保障国内基本需求，确保 14 亿人有饭吃。

到 2020 年，粮食生产连续 16 年丰收，自 2015 年以来，产量持续超过 1.3 万亿斤，小麦稻谷等口粮品种库存处于历史最高水平，储备充足，充分实现了口粮绝对安全、谷物基本自给的战略目标。2019 年全国粮食产量 1.33 万亿斤，其中稻谷 4 192 亿斤、小麦 2 672 亿斤，人均占有量 490 斤，完全实现了口粮自给。国内粮食产量人均占有 470 公斤，超过了 FAO 规定的安全线 400 公斤水平。进口方面，2019 年大米、小麦进口量分别是 250 万吨、350 万吨，不足消费总量的 2%。从库存看，2019 年以来课题组在基层调查了解，地方粮食储备规模完全达到国家要求，即产区储备水平满足 3 个月消费，销区 6 个月，产销平衡区 4.5 个月。从全国看，稻谷小麦库存 2.5 亿吨，可满足全国 14 亿人口 12 个月以上的口粮消费。我国通过国际市场进口的主要是大豆，2019 年我国大豆产量 1 810 万吨，进口量 8 851 万吨，对外依存度高达 83%，是全球最大的大豆进口国。如果大豆被主产国纳入出口禁令，或疫情影响大豆供应链，将造成国内大豆、豆粕等供给不足，顺势波及下游的畜禽水产养殖业及畜产品供应。建议有关部门要专门研究、提早谋划，防范大豆进口中断或迟滞带来的冲击。在充分利用"两个资源、两种市场"的同时，亟待加强物流仓储供应链建设。

在推动构建人类命运共同体进程中，农业主动融入全球价值链分工体系，积极推动优势农产品出口，主动扩大紧缺农产品进口，但前提是不能危及粮食安全这个底线。做到"手中有粮，心中不慌"。党的十八大以来，习近平总书记高度重视粮食问题，高屋建瓴地指出"中国人的饭碗任何时候都要牢牢端在自己手中，我们的饭碗应该主要装中国粮"。面对疫情大考，彰显了"确保谷物基本自给、口粮绝对安全"粮食安全战略观的远见，验证了坚持"以我为主、立足国内、确保产能、适度进口、科技支撑"战略方针的正确性。

疫情下，要进一步增强忧患意识，充分看到我国是人口大国，土地水资源严重紧缺，保障14亿人吃饭的压力始终存在。更要看到，目前粮食生产还面临着许多困难和问题，尤其是实现2020年粮食丰收面临着种植面积下降、气象年景差、病虫害多发的威胁，对目前存在的问题需要高度重视。

全国粮食面积"三连降"。2017—2019年粮食面积连续3年下降，累计减少4 750万亩。其中，7个主销区粮食面积和产量持续下降，2018年自给率仅有17.8%，应急调节能力削弱；11个产销平衡区有9个由于面积下降，正加速向销区滑落，2018年平均自给水平已下降到58.5%；13个粮食主产省，种粮面积也有不同程度减少，能够净调出粮食的省份只有5个，需引起警惕。

农民种粮收益持续下降。近年来，粮食生产成本持续上升而比较效益不断下降，三大谷物平均总成本年均上涨6.6%，出售均价年均仅增长2.2%。2018年，稻谷、小麦、玉米每亩平均亏损85元，种粮净利润已经连续3年为负，收益持续走低，严重挫伤了农民种粮积极性。从年初课题组线上调查的1 501个全国农户样本数据看，17.5%的农户表示因收益太低，将减少种粮面积，只有不足7%的农户表示会增加种植面积，稳定2020年粮食面积和产量仍有很大压力。

气象年景差、病虫害多发威胁增大。据中国气象局预测，2020

年我国气象水文年景总体偏差,极端事件偏多,区域性阶段性旱涝灾害并存,以及高温热浪等对粮食生产带来不利影响。农业农村部预计,2020年病虫害呈现多发重发,小麦赤霉病明显北移,草地贪夜蛾已在我国定殖,2020年呈重发态势,预计全年发生1亿亩。气候、病虫害等因素对粮食生产的危害需进一步防范。

确保粮食安全的长效机制不健全。主产区财政普遍紧张,由于粮食生产专项补偿不足,"粮食大县、经济小县、财政穷县"的窘境还没有缓解,严重影响了主产区地方政府抓粮积极性。各级政府一直试图通过多样化惠农金融服务粮食产业主体,但金融"脱农"现象依然存在,合作社缺乏银行认可的抵押物,面临贷款难度大、还贷紧等问题。现行农业保险主要保障物化成本,完全成本保险和收入保险正在试点,保险减震兜底作用还没有很好地发挥出来。调动地方政府抓粮、农民种粮积极性的财政、金融、保险配套体系还需进一步完善。

夺取2020年粮食丰收,既要重视疫情给春耕备耕带来的不利影响,还要重视粮食生产本身面临的不利因素,特别是粮食到2020年已经连续16年丰收,不少地方领导松懈麻痹的意识在抬头,对"抓粮"的重要性和艰巨性认识不足,我们要坚决防范多重不利因素碰头,警惕粮食生产陷入被动局面。

三、保障我国粮食安全的主要建议

从历史经验看,疫情过后饥荒或粮食短缺往往如影随形,随之会有越来越多的国家对粮食等农产品实行限制管制,甚至一些有影响力的大国也以邻为壑、转嫁危机。FAO警告,如果不尽快采取措施,全球粮食供应链或于4—5月中断,发展中国家尤其是撒哈拉以南的非洲国家面临的风险最甚。**若国际粮食一旦断供，靠谁都是靠不住的，唯独依靠我国国内生产，粮食安全问题仍然是战略问题。**习近平总书记反复强调，保障粮食安全对中国来说是永恒的课题。农业是压舱石，"三农"是战略后院。国内外曾发生的多次事件教训警醒我们，农业生产、粮食生产一旦出现滑坡，短时期内很难恢复，就不得不付出成倍的代价才能回归到正常水平，甚至国民经济社会发展进程也会受到影响。只有坚决稳住农业这个基本盘，才能有更大的底气应对各种风险挑战。因此要坚决贯彻落实习近平总书记对全国春季农业生产的重要指示精神，按照"农业农村优先发展"方针，在疫情复工复产中，采取更加有力措施来推动农业恢复发展、加大发展。

"六稳"之前先"稳农业"。在挑战日益加大的国内外经济形势下，2020年中央进一步强调要做到"六稳"，这就是要稳就业、稳金融、稳外贸、稳外资、稳投资、稳预期。面对突发严峻疫情的考验，要进一步推动国民经济社会健康发展，在贯彻继续"六稳"之前，还应该强调"稳农业"。疫情冲击对农业带来严重的负面影响，农业在抗击疫情中发挥了基础性、压舱石的作用，疫后又迅速实现复工复产，需要更大的举措、更坚定的决心。各部门、地方政府要从全局和战略高度把重视农业落地落细。在落实好党中央国务院各项强农惠农政策措施的基础上，按照远近结合、内外统筹的原则，采取更加有针对性、更有系统性的支持举措，促进农业生产优结构、上台阶、增后劲，调动农民生产积极性。要全面扎实粮食省长负责制，强化各级政府抓粮的主动性。坚决防止对粮食生产轻视松懈的情绪。**使各级政府和全社会充分认识到，我国粮食连年丰收，储存有压力，这是一个具体的技术性问题，是一种"甜蜜的烦恼"，而确保我国14亿人长期有饭吃、吃饱饭永远是一个重大的压力，是一个战略性全局问题。**当前还要充分利用主流媒体，通过各种有效形式，宣传我国粮食发展取得的巨大成就，宣讲市场供给充足有保障，完全可以满足老百姓吃饭，避免居民囤积粮食造成局部地区市场波动，更好地稳定人心、稳定社会。还要大力宣传中央重视农业、重视粮食的各项方针政策，调动各个方面支农支粮的积极性，进一步为粮食生产营造有利的氛围。

千方百计实现粮食1.3万亿斤以上战略目标。坚决稳住2020年粮食面积，遏止连续3年下滑的势头，坚持全国一盘棋的战略全局观，落实各省份粮食面积指标任务。进一步完善粮食生产支持政策，加大种粮补贴力度，与种粮面积紧密挂钩。尽早发布补贴内容，释放强烈的重粮惠粮政策信号。提高"一喷三防"补贴标准，对当前粮食生产中面临的关键重大科学难题，实施技术攻关、技术集成、转化推广等"绿色化"专项补贴。加大对主产区支持，大力推进土地流转、全程托管、环节托管等适度规模经营模式，加快提升粮食生产机械化、规模化。对平衡区、主销区的产粮大县也要给予同等支持。以优质品种及其配套技术、农机转型升级为两翼推进"藏粮于技"发展，加快机制创新，实现技术到村、技术到户、技术到田。按照习近平总书记对全国春季农业生产的重要指示精神，立足抗灾夺丰收，制定有力的应急预案。当前，要加强春季田间管理，做好条锈病、赤霉病等病虫害防控，力争打赢夏粮丰收首场战役，为全年粮食丰收奠定基础。

构筑粮食稳定发展的长效机制。通过这次应对疫情，我们对粮食作为国民经济基础的重要意义有更切身的体会，保持粮食长期稳定发展，是保障国家长久稳定的基石。作为一个负责任的大国，解决14亿人口的吃饭，是不可动摇的战略问题。因此，要加快建立粮食稳定发展的长效机制。当前，有两件事情应抓紧推进。一个是研究粮食保障战略，一个是抓紧制定并出台《粮食法》。中央深改委已通过《关于实施重要农产品保障战略的指导意见》，抓紧研究粮食保障战略和方案，通过实施一系列系统性机制、针对性政策、集成性手段稳定粮食面积。从人、财、物等方面完善支持粮食的举措，发挥政策"组合拳"效能，充分挖掘品种、技术、减灾等稳产增产潜力。在制定全面建成小康社会补短板的政策过程中，将粮田机耕道建设、粮食作物统防统治作为两个短板，给予重点支持，稳定粮食产量。加快制定并出台《粮食法》，从根本上稳粮食面积、稳惠粮政策、保种粮预期，避免粮食与经济作物交相频繁替代，面积产量高低起伏波幅过大。

附件

表1　二战以来涉及粮食的主要制裁禁运事件

发起方	目标国	实施时间	产品名称	主要手段
美国	朝鲜	1950年以来多次	粮食等各类商品	持续对朝鲜实施包括粮食禁运在内的一系列制裁措施
美国、南越等	北越	1954—1976年	粮食	南越拒绝向北越运输粮食
苏联	阿尔巴尼亚	1955—1961年	粮食（小麦等）	采取经济制裁，拒绝向阿尔巴尼亚运送小麦等粮食
美国	老挝	1956—1965年	粮食（大米）	全面中断对老挝的大米援助
美国	中国	20世纪50—70年代	粮食	全面经济封锁，包括粮食禁运
美国	印度	1965—1967年	粮食	中断粮食援助协议

(续表)

发起方	目标国	实施时间	产品名称	主要手段
中国	越南	1978—1979年	粮食等各类商品	中断包括食物在内的所有援助项目
美国	伊朗	1979年以来多次	粮食等各类商品	以美国为主的多国，对伊朗实施包括粮食禁运与国际贸易等方面的多项制裁措施
美国	苏联	1980—1981年	粮食（主要是谷物）	除依据美苏签订的五年期粮食贸易协定（1976—1980）规定的义务出口800万吨粮食不再执行外，还禁运1 700万吨谷物
联合国安理会	伊拉克	1990年至今	食品、药品和粮食	联合国安理会先后通过63个关于伊拉克问题的决议，对伊拉克实行包括粮食禁运在内的一系列经济制裁措施
联合国安理会	利比亚	1990年至今	粮食等各类商品	持续对利比亚采取国际贸易、金融等领域的制裁措施
美国	委内瑞拉	2006年至今	粮食等各类商品	实行多项经济制裁，包括粮食等商品禁运与金融制裁，影响到委内瑞拉粮食进口
美国等	俄罗斯	2010—2017年	粮食及其他农产品	禁止对俄罗斯出口农产品、农业原料和粮食
阿拉伯国家联盟	叙利亚	2011年至今	粮食等各类商品	对叙利亚实行包括禁运粮食等制裁措施
联合国安理会	朝鲜	2018年至今	粮食等各类商品	对朝鲜实施经济制裁，包括粮食在内的各类商品实施禁运

资料来源：根据公开的网络新闻资料整理。

表 2 2020 年初我国农产品出口受到的管制措施

序号	国家/地区		措施
1		哈萨克斯坦	1月29日起,暂停进口或转运中国水产品及鱼类相关产品
2		格鲁吉亚	临时禁止从中国进口活体动物
3		印度尼西亚	2月3日起,印尼决定禁止自中国进口活体动物,尤其是与新型冠状病毒有关的动物,运往印尼的中国活体动物将被退回。2月6日发布2020年第10号贸易部长令,暂停自中国进口活体动物(2月7日起实施)
4		吉尔吉斯斯坦	1月23日起,吉尔吉斯斯坦决定暂时停止从中国进口肉类及其制品,直到新冠肺炎疫情解除。1月27日起要求加强对进口产品的兽医和卫生控制,以防止受兽医管制(监督)的货物从中国进口到境内。2月1日起禁止从中国进口农产品。2月14日起,所有自中国进境货物和运输工具将在中吉边境的中间地带隔离75小时,待卫生部门建议确认正常后,方可进境办理通关
5		韩国	禁止从中国进口可能传播冠状病毒的野生动物,主要包括蛇类、蝙蝠类、貉、麝猫等,相关措施实施至新冠肺炎疫情解除为止
6	亚洲	巴基斯坦	禁止从中国进口活体动物,卡拉奇港对来自中国的动物产品采取强化熏蒸消毒措施
7		印度	加大对自中国进口农产品和畜牧产品的检验力度,要求检疫官员全天候在口岸待命,相关样品全部送实验室检测
8		卡塔尔	要求中国出口的食品提供食品证明声明
9		阿塞拜疆	1月29日,临时禁止从中国进口牲畜、动物产品、海鲜以及野生动物园用动物
10		约旦	自2月2日起,临时禁止从中国进口动植物及其产品。2月4日宣布已经采取预防措施,在约旦各个海关开展针对新冠病毒的监测,加强对来自中国进口货物的检查
11		土库曼斯坦	对来自有疫情报告国家的食品采取限制入境的临时性措施,禁止中国茶叶入境
12		塔吉克斯坦	临时禁止从中国进口所有类型食品(茶叶和农作物种子除外),包括从第三国进口的中国产品也受严格控制,边境和运输中严格控制进口产品
13		马来西亚	禁止从中国进口猪肉及猪肉制品,并对其他农产品的进口进行密切监管
14		菲律宾	禁止进口家禽和野禽及其制品
15		伊朗	禁止出口口罩等医疗防护用品,其他产品出口尚无限制措施。1月26日起,禁止来自中国和已有感染病例的东南亚国家赴伊旅客携带的食物入境

(续表)

序号	国家/地区		措施
16		蒙古	禁止从中国进口鸡肉、鸡蛋类产品，并加强对来自中国进境货物的检疫监管力度
17		尼泊尔	暂停从中国进口动物制品和水果
18	亚洲	泰国	2月24日宣布临时暂停从中国进口活家禽和家禽制品，以防止高致病性禽流感（H5N1和H5N6型）传播
19		沙特阿拉伯	暂停与50个国家质检的货运服务（含中国）
20		亚美尼亚	1月26日起，禁止从中国进口动物原料/产品。该禁令还适用于从其他国家进口以中国原料生产的动物产品
21		俄罗斯	2月3日，宣布临时措施，对中国观赏类动植物进口和跨境运输实施限制。 2月13日起，中方水产品养殖企业变更为"暂停检疫证书发放"状态。同时，根据中方担保，允许3家中国企业供货
22	欧洲	德国	要求中国蜂蜜出口商提供产品无新型冠状病毒污染的证明文件
23		意大利	要求中国核桃仁出口商提供产品无新型冠状病毒污染的证明文件
24		乌克兰	暂时禁止从中国进口宠物（狗、猫等）和野生食肉动物
25		土耳其	决定暂时停止从中国进口所有活体、非活体动物及动物类制品
26		喀麦隆	禁止从中国进口动物及水产品
27	非洲	埃及	禁止从中国进口洋葱，并加强对进口自亚洲的食品的管控。食品安全局对14种以上的农业产品进行检查，主要包括马铃薯、柑橘和花生等
28		毛里求斯	暂停自中国进口活体动物和鱼、冷冻和干燥的海鲜（包括鱼和蚝油等渔产品）、冷冻和干燥肉类、羊毛、动物的毛发、动物饲料（包括鱼类饲料）
29	美洲	美国	加强对中国产品的监督，采取诸多检查措施，如进口筛查、检验、抽样、进口预警等

表3　2020年3月末至4月初出台粮食出口限制的主要国家

国家	产品名称	实施时间	主要内容
越南	大米	3月24日	3月24日，开始对大米实施出口限制； 3月27日，宣布其计划将国家大米储备量上调至27万吨，以防范疫情的影响； 3月31日，工贸部提议恢复出口，并将4—5月的月度配额定为40万吨，但当时尚未就此作出最终决定； 4月10日，宣布取消大米出口禁令，恢复大米储备，4月出口40万吨大米
俄罗斯	小麦和混合麦、黑麦、大麦、玉米	4月1日	4月1日至6月30日，小麦、黑麦、大麦和玉米等的出口量限制在700万吨以内；配额耗尽以后，俄罗斯在这段时间将暂停向欧亚经济联盟以外的国家出口粮食。 4月2日农业部表示，4月13日起向国内市场出售国家储备粮，出售总量为150万吨，大于早先宣布的100万吨
哈萨克斯坦	荞麦、小麦粉或黑麦粉、白糖、马铃薯、胡萝卜、萝卜、甜菜、洋葱、白菜、葵花籽、葵花籽油	3月22日	在国家紧急状态期间暂停部分农产品出口，以确保国家食品储备充足，暂时对11种关键农产品实行出口限制令
塞尔维亚	葵花籽油和其他农业物资	3月15日	国家进入紧急状态关闭边境，停止葵花籽油等部分农产品出口
印度	大米	3月24日	稻米出口因"封国"而陷入停滞
埃及	豆类产品	3月28日	3月28日起，未来3个月内停止各种豆类产品出口
泰国	鸡蛋	3月26日	3月26日起，对鸡蛋进行为期7天出口禁令，该指令有效期会根据具体情况进行延长，期间不发放鸡蛋出口许可证。 4月1日，商品价格及服务中央调控委员会又出台公告，将禁止出口鸡蛋限期延长至4月30日

(续表)

国家	产品名称	实施时间	主要内容
柬埔寨	大米和稻谷	4月5日	暂停大米和稻谷出口,以确保疫情期间粮食安全
乌克兰	小麦	3月30日	3月27日,宣布向当地市场出售16万吨制粉小麦; 3月30日宣布将2019/2020销售年度的小麦出口上限设定为2 020万吨
欧亚经济联盟	小麦、大米、荞麦(荞麦产品)、小米、粗全麦面粉、大豆、葵花籽	4月1日	6月30日前,临时禁止14种蔬菜和粮食类产品出口到联盟以外国家

注:欧亚经济联盟成员国包括俄罗斯、哈萨克斯坦、白俄罗斯、吉尔吉斯斯坦和亚美尼亚5国。2016年以来,乌克兰小麦出口量为1 600万吨左右,这是出口规模比较大的阶段,之前年度出口规模在数百万吨不等,都达不到目前设置的2 020万吨这个出口限额数,所以出口限制的实际意义不大,其主要是一种政策信号。泰国虽未对大米实施出口限制,基于其是世界第二大米出口国,也列入该表,以关注该国动态。

资料来源:根据公开的文献资料整理。

执笔人:钟 钰、王国刚、崔奇峰

研究指导:陈萌山、袁龙江

时间:2020年4月

二战以来美国对其他国家的粮食禁运及启示

20世纪50年代,美国为维护国家战略利益,多次发起粮食禁运,其已成为美国维持世界主导地位和推行霸权主义的重要武器。尽管其因违背人道主义原则而受到国际社会普遍反对,但美国应用得得心应手,常以粮食援助换取他国在政治、外交和经济贸易上的让步和屈服,遏制或打压其他国家发展。

一、主要粮食禁运事件

(一)对朝鲜粮食禁运(1950年以来多次实施)

朝美双方于1994年签署了《美朝框架协议》,1995年正式向朝鲜进行粮食援助。2002年10月,美国发现朝鲜正在进行铀浓缩项目,第二次朝核危机爆发,美朝开始了遏制—妥协—再遏制—再妥协的循环,主要利用粮食援助达到限制朝鲜发展核武器的目的。

（二）对北越粮食禁运（1954—1976 年）

越南战争期间，战争破坏了越南这一亚洲大米消费大国的农业生产系统，美国依靠南越政权对北越实施包括粮食禁运在内的全面禁运，拒绝向北越提供任何粮食援助，也几乎切断了北越接受外援渠道。

（三）对老挝粮食禁运（1956—1965 年）

1954 年日内瓦协议签订后，美国在老挝扶持亲美势力。1954 年，老挝大米歉收，随即 1955 年发生饥荒。1955 年后，美国通过为老挝提供粮食救济的手段，将老挝纳入其冷战战略轨道。1956—1965 年，为控制老挝反对派势力的影响，对老挝实行经济禁运，全面中断对老挝的大米援助。

（四）对中国粮食禁运（1950—1970 年）

20 世纪 50 年代，由于朝鲜战争等一系列政治因素，美国对中国采取了一系列经济封锁，包括粮食禁运，对我国局势产生了严重影响，粮食禁运与经济封锁一直持续到 70 年代。

（五）对印度粮食禁运（1965—1967 年）

1965—1967 年，印度国内粮食歉收，遭受严重粮食危机，有 8 个邦严重缺粮。据西方通讯社报道，"迈索尔、西孟加拉等多地出现断粮，人们靠着吃草根和黄麻叶充饥，大批人活活饿死"。为了迫使印度改变其反对美国入侵越南的外交政策，美国此阶段对印度采取限制出口粮食政策。

(六）对伊朗粮食禁运（1979年以来多次实施）

从1979年到现在，美国与国际社会一道对伊朗实施多轮经济禁运，内容包括投资、金融服务和融资限制，技术转让限制，以及国外资产冻结，禁运时间长达40多年。虽然此前已达成伊核协议，但特朗普又展开新一轮禁运，2018年5月8日，宣布退出伊核协议，开始启动对伊朗的"极限施压"政策，波及粮食领域。

（七）对苏联粮食禁运（1980—1981年）

1980年1月4日，美国宣布对苏联实施粮食禁运，希望对其饲料供给及肉类消费造成破坏性影响。除1975年美苏签订的五年期粮食贸易协定（1976—1980）规定的义务出口800吨粮食不再执行，另中断1 700万吨粮食出口合同。1月12日，主要出口国在华盛顿召开部长级会议协调粮食禁运政策。加拿大、澳大利亚、欧盟等美国传统盟国和地区统一参与这次粮食禁运，保证他们向苏联出口粮食不超过"政策和传统"水平。事实上，卡特政府过高估计了构筑粮食禁运统一战线的能力，粮食禁运声势浩大，却以失败告终。

（八）对委内瑞拉粮食禁运（2006年至今）

2006年，小布什政府即开始对委内瑞拉实施禁运，以报复查韦斯政权反美势头，起初仅限于中止向委内瑞拉出售武器，并禁止他国将美制武器转让给委内瑞拉。2008年后，禁运不断升级，逐渐升级到封锁委内瑞拉经济命脉。2019年1月28日，美国宣布对委内瑞拉追加新一轮禁运。禁止向委内瑞拉农业部门供应汽油，以令其粮食生产彻底衰败，并经济导致全面崩溃。

(九) 对俄罗斯粮食禁运 (2011—2017 年)

2014 年克里米亚事件以后,以美国为首的西方国家,对俄罗斯实施了多轮严厉的经济制裁,包括禁止美国金融机构向俄方实体提供贷款、全面禁止美国对俄出口等。2017 年 8 月,美国又通过了新的对俄制裁法案,使制裁政策成为一个完整的法律体系,也进一步固化了美国反俄的政策基调。

二、禁运效果

可从两个维度观察禁运效果,一个是直接效果,即对被禁运国的影响;另一个是间接效果,即对美国自身及国际形势的影响。

(一) 直接效果

实施粮食禁运政策,首当其冲的就是被禁运国的粮食供给受到影响,进而推高食品价格,加重民众经济负担。

1. 减少粮食供应量

20 世纪 90 年代,朝鲜年均粮食产量仅在 300 万~400 万吨,其口粮供给率 60%,联合国粮农组织在 2000 年宣布朝鲜已经连续 7 年粮食短缺,致使营养不良人口高达 36%。对伊朗禁运,并不包含食物、药品等人道主义物资,但是交易商不愿冒险,全球绝大部分贸易商与伊朗暂停了食物交易。嘉吉、邦吉公司也因支付问题,停止了向伊朗出口农产品,引发民众恐慌,国内压力进一步加大,尤其疫情期间进口食物存在严重障碍。尽管美国因新冠肺炎疫情对伊朗网开一面,但伊朗一直受限于金融制裁而无法从国外购买粮食和医疗物资。当然,并非所有禁运都能达到预期效果,比如对苏联粮食供给量影响较轻，苏联通过扩大其他进口途径以及加强国内生产的方式，减轻美国对其出口限制的危害。苏联1980年粮食进口高达3 120万吨，仅比预期进口量少10%，饲料供给率仅下降2%。俄罗斯大力推行"进口替代"政策，粮食产量迅速上升，2017年达到创纪录的1.34亿吨，出口达到4 700万吨。如今成为全球主要的粮食输出国，且是全球最大的小麦输出国。

2. 推高食品价格

受禁运阴影冲击，引发的经济衰退，尤其是货币贬值和通货膨胀，对被禁运国经济构成严重冲击。2018年，委内瑞拉通货膨胀的水平达到"年涨一万倍"，老百姓生活质量一落千丈。2014年8月7日颁布食品进口禁令后，俄罗斯进口猪肉价格上涨了6%；由于进口货源收窄，来自其他国家和地区的食物价格也上涨。2015年，俄罗斯甚至出现负增长，民众的生活水平比禁运前明显下滑。

（二）间接效果

除了对被禁运国的直接影响，还要看禁运是否达到美国预期目标，对美国自身是否带来负面冲击。

美国总是期待用粮食禁运达到预设目标，然而多数禁运以失败而告终。在中国、苏联等社会主义阵营国家的援助下，北越取得越南战争胜利。伊朗伊斯兰革命40年来长期处于禁运中，尽管处境艰难，但一系列禁运依然没有让伊朗屈服。2019年2月11日，委内瑞拉国防部长帕德里表示，任何禁运都不会瓦解委内瑞拉。俄罗斯有着强大军事力量做后盾，有雄厚能源做保障，让美国对俄罗斯的经济制裁和封锁很难奏效。俄罗斯还采取了反禁运措施，2014年宣布禁止进口所有欧盟的蔬菜水果和所有美国农产品，强硬回击西方禁运。

禁运是把双刃剑，甚至杀敌一千自损八百。对苏联粮食禁运让美国利益受损严重。粮食价格大幅下跌，直接打击了国内农场主，致使农场主要求政府给予补偿，美国只好花费22亿美元收购农场主无法销售的1 700万吨粮食。由于仓容不够，接收的粮食没有地方保存，损失不可避免，又千方百计推销。结果许多粮食落入投机商手中，通过各种渠道流出，其中有一部分最终流去苏联，绝大部分禁运的谷物在1980年夏季售出。大量美国农民的选票转向里根，最终让卡特丢掉了白宫宝座。1981年4月，里根入主白宫，几个月后便宣布解除禁运，终结了这次历史上规模最大的、历时16个月的粮食贸易战。为了安抚农场主，1981年12月美国国会通过一项立法：如再次实施粮食禁运，政府必须赔偿农场主经济损失。同时，修订《期货贸易法》，明确规定即使发起粮食禁运，也必须执行在此之前270天内签订的粮食购销合同。对俄罗斯禁运是造成2019年美国小麦积压的重要原因之一，也让国内小麦种植户利益受损。

（三）对国际关系的影响

美国发起禁运后，改变了被禁运国与中、俄（苏）等国的局势和关系。比如对越南禁运后，随即得到中国、苏联等社会主义阵营国家的帮助。1959年，中越双方签订了长期贸易协定，中国每年向越南出口40万~50万吨粮食，占越南当时粮食进口规模的60%。1960年末，中国大规模援助老挝，援助物资包括粮食、军用物资等。伊朗获得俄罗斯的帮助。2016年，俄罗斯为伊朗农产品开辟"绿色走廊"。2020年3月，俄罗斯声明将继续加强俄伊两国经贸联系，尤其是在当前美国对伊朗实施单方面非法禁运的情况下，俄方将扩大向伊朗出口农产品。伊朗和委内瑞拉因遭美国打压而靠拢，两国间近来一系列互动正在美国的"禁运大幕"上划出破口，2020年6月，一艘装载食品的伊朗货轮抵达委内瑞拉，这是继 5 艘伊朗油轮"万里送油"后，伊朗再次向委内瑞拉施以援手。另外，俄罗斯、土耳其和中国已成为委内瑞拉重要的农产品、粮食供应商。

三、几点启示

习近平总书记反复强调，保障粮食安全对中国来说是永恒的课题。国内外曾发生的多次事件教训警醒我们，农业生产、粮食生产一旦出现滑坡，短时期内很难恢复，就不得不付出成倍的代价才能回归到正常水平，甚至国民经济社会发展进程也会受到影响。只有坚决稳住农业这个基本盘，才能有更大的底气应对各种风险挑战。

"六稳"之前先"稳农业"。面对突发严峻疫情的考验，要进一步推动国民经济社会健康发展，在贯彻继续"六稳"之前，还应该强调"稳农业"。疫情冲击对农业带来严重的负面影响，农业在抗击疫情中发挥了基础性、压舱石的作用，疫后又迅速实现复工复产，需要更大的举措、更坚定的决心。各部门、地方政府要从全局和战略高度把重视农业落地落细。在落实好党中央国务院各项强农惠农政策措施的基础上，按照远近结合、内外统筹的原则，采取更加有针对性、更有系统性的支持举措，促进农业生产优结构、上台阶、增后劲，调动农民生产积极性。要全面落实粮食省长负责制，强化各级政府抓粮的主动性。坚决防止对粮食生产轻视松懈的情绪。**各级政府和全社会应充分认识到，我国粮食连年丰收，储存有压力**，这是一个具体的技术性问题，是一种"甜蜜的烦恼"，而确保我国 14 亿人长期有饭吃、吃饱饭永远是一个重大的压力，是一个战略性全局问题。当前还要充分利用主流媒体，通过各种有效形式，宣传我国粮食发展取得的巨大成就，宣讲市场供给充足有保障，完全可以满足老百姓吃饭，避免居民囤积粮食造成局部地区市场波动，更好地稳定人心、稳定社会。还要大力宣传中央重视农业、重视粮食的各项方针政策，调动各个方面支农支粮的积极性，进一步为粮食生产营造有利的氛围。

千方百计实现粮食1.3万亿斤以上战略目标。坚决稳住2020年粮食面积，遏止连续三年下滑的势头，坚持全国一盘棋的战略全局观，落实各省份粮食面积指标任务。进一步完善粮食生产支持政策，加大种粮补贴力度。加大对主产区支持，大力推进土地流转、全程托管、环节托管等适度规模经营模式，加快提升粮食生产机械化、规模化。对平衡区、主销区的产粮大县也要给予同等支持。以优质品种及其配套技术、农机转型升级为两翼推进"藏粮于技"发展，加快机制创新，实现技术到村、技术到户、技术到田。

构筑粮食稳定发展的长效机制。当前，要抓紧研究落实《关于实施重要农产品保障战略的指导意见》的具体措施，通过实施一系列系统性机制、针对性政策、集成性手段稳定粮食面积。从人、财、物等方面完善支持粮食产业的举措，发挥政策"组合拳"效能，充分挖掘品种、技术、减灾等稳产增产潜力。补上粮田机耕道建设和粮食作物统防统治短板。加快制定并出台《中华人民共和国粮食安全保障法》。

附件

二战以来涉及粮食的主要禁运事件及影响

	发起方	目标国	实施时间	产品名称	主要手段	直接影响			间接影响	
						农产品价格	农产品供给量	是否屈服于美国	对美国的影响	国际方面的影响
1	美国	朝鲜	1950年以来多次实施	粮食等各类商品	持续对朝鲜实施包括粮食禁运在内的一系列禁运措施	—	产量不足，需粮食援助	不断对美国作出让步	对美的威胁降低	—
2	美国、南越等	北越	1954—1976年	粮食	南越拒绝向北越运输粮食	—	—	未屈服	越南战争作为美国历史上持续时间最长的战争，美国消耗了大量人力、物力、财力，为此至少花费了2 500亿美元，结束了美国长达25年的繁荣局面	在中国、苏联等社会主义阵营国家的帮助下，北越最终渡过了难关，并取得了胜利。1959年，中越双方签订了长期贸易协定，中国每年向越南出口40万~50万吨粮食，占越南当时粮食进口规模的60%

（续表）

	发起方	目标国	实施时间	产品名称	主要手段	直接影响			间接影响	
						农产品价格	农产品供给量	是否屈服于美国	对美国的影响	国际方面的影响
3	美国	老挝	1956—1965年	粮食（大米）	全面中断对老挝的大米援助	—	粮食供应与政治局势持续动荡	未屈服	影响可忽略不计	中国加大对其援助，一定程度上缓解了粮食危机
4	美国	中国	20世纪50—70年代	粮食	全面经济封锁，包括粮食禁运	—	短期内短缺，却激励了国内粮食产能的提高	未屈服	—	向苏联以"借用"的形式获得粮食援助
5	美国	印度	1965—1967年	粮食	中断粮食援助协议	通货膨胀价格上涨	产能不足，严重依赖美国粮食援助	让步	获得印度在美国对越南问题上的默许	—
6	美国	伊朗	1979年以来多次实施	粮食等各类商品	以美国为主的多国对伊朗实施包括粮食禁运与国际贸易等多方面的多项禁运措施	通胀严重，价格上涨	国内产能不足，进口受限	未屈服	影响可忽略不计	来自俄罗斯的农产品进口增加
7	美国	苏联	1980—1981年	粮食（主要是谷物）	除美国依据长期粮食下的800万吨粮食外，禁运1700万吨谷物	未影响到价格	进口仅减少10%，影响微弱	未屈服	农场主粮食滞销，损失严重，国家购买滞销粮，保管费用增加	瓦解了同盟国内部的粮食出口限制约定，增加了与苏联贸易国家的出口量

下篇　研究报告

171

（续表）

发起方	目标国	实施时间	产品名称	主要手段	直接影响			间接影响	
					农产品价格	农产品供给量	是否屈服于美国	对美国的影响	国际方面的影响
8	美国	委内瑞拉	2006年至今	粮食等各类商品	实行多项经济禁运包括粮食等商品禁运与金融禁运,影响到委内瑞拉粮食进口	通胀严重,价格上涨	物资匮乏,供给严重不足	未屈服	影响可以忽略不计	伊朗给予其粮食和石油支援;俄罗斯、土耳其和中国是其农产品贸易重要出口国
9	美国等	俄罗斯	2011—2017年	粮食及其他农产品	禁止对俄罗斯出口农产品、农业原料和粮食	货币贬值,价格上涨	国内产能大幅增加,成为粮食重要出口国	未屈服	由此激发的俄罗斯禁运措施2014—2017年每年损失约22.5亿美元	俄罗斯出口中国粮油大幅度增加

资料来源:根据公开的网络新闻资料整理。

执笔人:钟钰、崔奇峰、王国刚

时间:2020年8月

面向 2035 年我国粮食增产能力的战略研判

粮安天下，古今如此。我国是拥有 14 亿人口的大国，"保障粮食安全是永恒课题"。2004 年以来，我国粮食生产连续 17 年丰收，近 6 年都超过了 1.3 万亿斤，小麦稻谷等品种库存处于历史最高水平，充分实现了口粮绝对安全、谷物基本自给的战略目标。但也要清醒认识到，我国粮食供给总体依然是紧平衡，甚至未来一个时期产需总量缺口还会扩大。2020 年，疫情冲击下多国纷纷捂紧"粮袋子"，再次警示我们，和平时期粮食尚可一定程度利用国际市场，关键时刻则并非可靠。我国更要培育好自身供应能力，确保危急之时能产得出、供得上。开启全面建设社会主义现代化国家新征程，面对复杂的国外局势，摸清粮食增产规律与增产能力家底，对顺利实现第二个百年奋斗目标意义重大。

一、我国粮食增产规律分析

（一）从周期看，整体上每登 1 个千亿斤台阶的间隔期越来越短

新中国成立至 2020 年，我国粮食总产先后迈过 11 个千亿斤台

阶，每登1个千亿斤台阶平均需要6.5年时间。1949年，全国粮食总产量为2 264亿斤，1952年完成土地改革时的产量超过3 000亿斤，1966年达到4 000多亿斤，从3 000多亿斤到4 000多亿斤的跨越用了14年时间。2004年以来，我国粮食生产实现连续17年丰收，跨越了5个千亿斤台阶，每登1个千亿斤台阶平均需要3.4年，其中2010年粮食总产量11 182亿斤，2013年快速攀升至12 245亿斤，2015年突破13 000亿斤，从1.1万亿斤到1.2万亿斤再到1.3万亿斤分别用了2年和3年（图1）。但也要看到，2015年突破1.3万亿斤后，5年仅增长了178亿斤。增速放缓虽然和2016年开始的玉米面积调减不无关系，但是也要高度警惕粮食增产难度加大的可能。

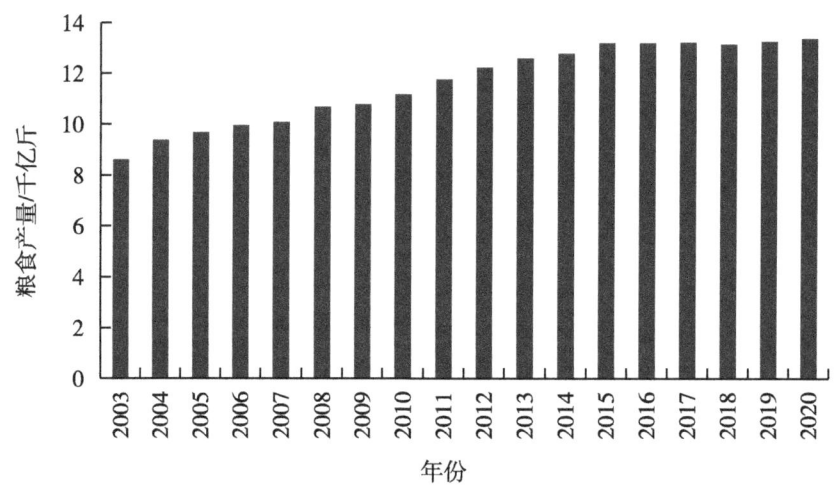

图1　2003年以来我国粮食总产量变化

（二）从成因看，粮食总产量增加由依靠面积扩大转向单产提升

2004—2020年我国粮食总产量增加了31.4%，面积年均增速0.91%；单产则持续提升，年均增速1.36%，对总产量增加的贡献由依靠面积扩大转向主要靠单产提升。据测算，2005年粮食亩产达到619斤，单产提高带动粮食增产44亿斤，对全年粮食增产的

贡献率为15%[①]。2015年，全国粮食作物平均亩产731斤，提高1.8%，单产增产粮食约221亿斤，对粮食增产的贡献率提升至77%[②]。2004—2020年我国粮食单产提高对总产量增长的贡献率达到65%，而面积贡献率缩减到35%。

（三）从手段看，产量增加是政策支持、应对灾害、科技支撑等举措综合作用的结果

在政策支持方面，取消延续了2 600多年的农业税、实施种粮补贴、改革最低收购价政策、完善粮食安全省长责任制等，中央惠农支农政策不断完善。财政补贴力度越来越大，"四补贴"从2004年的145亿元，增加到2015年的1 651亿元，增长了10.39倍。农机购置补贴资金也从2004年的0.7亿元增加到2019年的180亿元，增长了256倍，逐步形成符合我国国情的粮食支持政策框架。在科技支撑方面，围绕主要粮食品种，加强机械攻关，推广优质高产品种，农作物良种覆盖率达到96%以上，自主选育品种面积占比超过95%，良种对粮食增产贡献率已超过45%，小麦耕种收综合机械化率稳定在95%以上，水稻、玉米耕种收综合机械化率分别超85%、90%，基本实现了机械化。在应对灾害方面，不断创新农田灌溉技术，有效灌溉面积显著增加，与2004年相比，2019年有效灌溉面积增加1 420万公顷，增长了26.07%。推进高标准农田建设，提升农田抵御自然灾害能力。到2020年已建成8亿亩高标准农田，切实改善了农业生产条件，提高了农田抗灾减灾能力。病虫害防治方面，我国已经掌握了主要病虫害流行规律

---

① 国务院办公厅．［调整结构惠农］粮食单产再创历史新高．http：//www.gov.cn/ztzl/2006-02/18/content_203518.htm.

② 央广网．我国粮食今年单产提高 对粮食增产贡献率达77%．http：//china.cnr.cn/news/20151209/t20151209_520733284_5.shtml.

和成灾机理，开发了准确的预测预报技术，应用了一批安全高效绿色防控技术和药剂，保障了粮食有害不成灾。

（四）从空间看，粮食生产重心北移特征明显

新中国成立至改革开放初期，我国粮食生产主要集中在南方，南方地区粮食产量占全国比重的60%左右，1982年达到62%。随着南方地区经济的快速发展和城镇化率不断提高，粮食产量在全国的比重不断下降，2005年降至50%以下，2019年进一步下降至41%，与新中国成立之初北方所占全国的比重基本相当，粮食生产南北对调。北方地区，随着农业生产条件的改善，玉米临储政策实行等，粮食产量快速增长，生产重心逐渐向北转移。2019年北方地区粮食产量达39 268万吨，比南方地区高43%，占全国粮食产量比重的59%。整体来看，1997—2016年我国粮食生产重心向东北方向转移，总转移距离为172.56公里，重心所在地大部分集中于河南省的中部地区。分品种来看，我国稻谷生产逐渐跨过长江向北拓展，北方地区稻谷产量占全国比重持续提高，从2004年的15%提高到2019年的23%；小麦和玉米生产自2004年以来进一步向北方集中，产量占全国比重分别达到70%和80%以上。北粮南运，已然成了当下粮食产销格局的典型特征。

（五）从品种看，玉米对粮食总产量增加的贡献最大

2003—2020年粮食增产主要来自三大主粮作物的贡献（表1），其中玉米产量从11 583万吨增加到26 067万吨，增幅125%，对粮食总产量增加贡献最大，贡献率达60.7%。稻谷、小麦的增产贡献率依次为21.4%、20.0%；豆类增产幅度有限，增产贡献率仅为0.7%；而薯类、杂粮均表现出自2003年以来的减产势头，薯类产量降幅达到15%。玉米对粮食总产量增加的贡献主要来自面

积扩张，受生产规模化专业化集约化水平大幅提高的推动，以及精深加工业快速发展形成的需求拉动，玉米面积增加了71.4%；稻谷、小麦面积稳中小幅上升，分别增加了13.5%、6.3%；而豆类、薯类、杂粮等其他粮食作物面积则较大幅度调减，面积分别下降了10.1%、25.7%、23.4%。

表1 2003—2020年我国粮食增产的作物贡献

作物品种	产量贡献/万吨	贡献率	播面变化	单产变化	产量变化
稻谷	5 120.4	21.4%	13.5%	16.2%	31.9%
小麦	4 776.2	20.0%	6.3%	46.0%	55.2%
玉米	14 484.0	60.7%	71.4%	31.3%	125.0%
豆类	160.5	0.7%	-10.1%	19.6%	7.5%
薯类	-526.3	-2.2%	-25.7%	14.4%	-15.0%
杂粮	-135.3	-0.6%	-23.44%	15.0%	-12.0%
合计	23 879.5	100%			

受粮食消费需求结构、国际粮食贸易容量、水土资源潜力等因素限制，未来粮食增产难度越来越大，结构调整的空间已经不大。在稳定粮食面积的基础上，进一步提高粮食作物的单产水平是今后稳定和提高粮食生产能力的主攻方向，必须坚守耕地红线，推进高标准农田建设，加快种业等科技创新，健全新型经营体系，发展适度规模经营。

二、2021—2035年粮食增产能力分析

（一）整体判断

对未来粮食增产能力判断，课题组采用两种情景方案，第一

情景是以 2020 年面积为基准，只考虑单产合理增长；第二情景是种植面积和单产都发生动态变化。

1. 第一种情景方案

在粮食作物面积保持 2020 年水平不变、仅靠单产增加的情况下，预计 2021 年、2025 年、2030 年、2035 年我国粮食总产量分别达到 1.36 万亿斤、1.45 万亿斤、1.54 万亿斤、1.63 万亿斤（表2）。预计在 2023 年实现 1.4 万亿斤的目标，在 2028 年实现 1.5 万亿斤的目标。分品种来看，玉米的产量贡献最大，其次是水稻和小麦。预计 2021 年、2025 年、2030 年、2035 年，玉米产量分别占粮食总产量的 38.56%、39.16%、40.13%、41.05%；水稻产量分别占粮食总产量的 31.20%、29.78%、28.66%、27.69%；小麦产量分别占粮食总产量 19.75%、19.36%、18.93%、18.54%。

表2　第一种情景全国粮食增产能力分析

时间	增产能力			分品种增产能力			
	产量/亿吨	面积/亿亩	单产/（公斤/亩）	分品种	产量/亿吨	面积/亿亩	单产/（公斤/亩）
2021 年	6.82	17.52	389.55	水稻	2.13	4.51	472
				小麦	1.35	3.51	384
				玉米	2.63	6.19	425
				大豆	0.20	1.48	135
				马铃薯	1.00	0.75	1 334
				杂粮	0.23	1.00	227
2025 年	7.27	17.52	415.09	水稻	2.16	4.51	480
				小麦	1.41	3.51	401
				玉米	2.85	6.19	460
				大豆	0.21	1.48	145
				马铃薯	1.64	1.08	1 518
				杂粮	0.18	0.70	250

(续表)

时间	增产能力			分品种增产能力			
	产量/亿吨	面积/亿亩	单产/（公斤/亩）	分品种	产量/亿吨	面积/亿亩	单产/（公斤/亩）
2030年	7.71	17.52	440.30	水稻	2.21	4.51	490
				小麦	1.46	3.51	416
				玉米	3.10	6.19	500
				大豆	0.24	1.48	160
				马铃薯	1.83	1.08	1 691
				杂粮	0.20	0.70	281
2035年	8.14	17.52	464.91	水稻	2.26	4.51	500
				小麦	1.51	3.51	430
				玉米	3.34	6.19	540
				大豆	0.26	1.48	175
				马铃薯	1.98	1.08	1 830
				杂粮	0.22	0.70	316

注：以马铃薯占薯类产量比重0.75折算薯类总产量，然后薯类总产量按照5∶1折粮；以大豆占豆类产量比重0.9折算豆类总产量。

2. 第二种情景方案

基于我国粮食增产规律，面积和单产都发生动态变化情况下，对未来粮食产量预测，预计2021年、2025年、2030年、2035年我国粮食总产量分别达到1.38万亿斤、1.48万亿斤、1.59万亿斤、1.69万亿斤（表3）。**预计在2022年实现1.4万亿斤的目标，在2026年实现1.5万亿斤的目标。分品种来看，玉米的产量贡献最大，其次是水稻和小麦。**预计2021年、2025年、2030年、2035年，玉米产量分别占粮食总产量的38.60%、39.28%、39.84%、40.31%；水稻产量分别占粮食总产量的30.80%、29.40%、28.09%、26.83%；小麦产量分别占粮食总产量19.73%、19.22%、18.55%、17.93%。**分区域来看，黑、豫、鲁、皖、吉的粮食生产贡献力度最大。**预计2021年、2025年、2030年、2035年五省粮食产量占全国粮食总产量的42.06%、41.87%、41.52%、41.25%。

从增产路径来看,全国粮食生产能力增加主要来自单产水平提高。 预计 2021 年、2025 年、2030 年、2035 年全国粮食面积分别为 17.73 亿亩、17.97 亿亩、18.23 亿亩、18.45 亿亩,主要是杂粮和马铃薯面积增加,但这两种作物面积扩大可充分利用冬闲田、山坡地、撂荒地和间作套种;全国粮食单产分别为 390.74 公斤/亩、411.62 公斤/亩、435.34 公斤/亩、459.48 公斤/亩,2035 年单产比 2021 年增长 17.59%,可见单产提高对增产贡献更大。

表 3 第二种情景全国粮食增产能力分析

时间	增产能力			分品种增产能力			
	产量/亿吨	面积/亿亩	单产(公斤/亩)	分品种	产量/亿吨	面积/亿亩	单产(公斤/亩)
2021 年	6.93	17.73	390.74	水稻	2.13	4.52	472.00
				小麦	1.37	3.56	384.00
				玉米	2.67	6.29	425.00
				大豆	0.19	1.40	135.00
				马铃薯	1.01	0.76	1 333.70
				杂粮	0.27	1.20	227.00
2025 年	7.40	17.97	411.62	水稻	2.17	4.53	480.00
				小麦	1.42	3.55	401.00
				玉米	2.91	6.31	460.00
				大豆	0.21	1.45	145.00
				马铃薯	1.28	0.84	1 518.00
				杂粮	0.32	1.28	250.00
2030 年	7.94	18.23	435.34	水稻	2.23	4.55	490.00
				小麦	1.47	3.54	416.00
				玉米	3.16	6.33	500.00
				大豆	0.24	1.50	160.00
				马铃薯	1.55	0.92	1 691.00
				杂粮	0.39	1.40	281.00

（续表）

时间	增产能力			分品种增产能力			
	产量/亿吨	面积/亿亩	单产（公斤/亩）	分品种	产量/亿吨	面积/亿亩	单产（公斤/亩）
2035年	8.48	18.45	459.48	水稻	2.28	4.55	500.00
				小麦	1.52	3.53	430.00
				玉米	3.42	6.33	540.00
				大豆	0.26	1.50	175.00
				马铃薯	1.84	1.01	1 830.00
				杂粮	0.48	1.53	316.00

注：以马铃薯占薯类产量比重0.75折算薯类总产量，然后薯类总产量按照5∶1折粮；以大豆占豆类产量比重0.9折算豆类总产量。

3. 两种情景方案比较

在粮食作物面积保持2020年水平不变的情况下，预计在2023年实现1.4万亿斤的目标，在2028年实现1.5万亿斤的目标。在粮食种植面积和单产都发生动态调整的情况下，预计在2022年实现1.4万亿斤的目标，在2026年实现1.5万亿斤的目标。可见，要实现全国粮食产量1.4万亿斤和1.5万亿斤的增产目标，第二种方案比第一种方案分别可提前1年、2年时间实现。因此，在进一步提高粮食作物单产水平的同时，全力稳定粮食面积，巩固双季稻面积，扩大玉米生产，优化种植结构调整，是确保我国粮食持续增产的核心任务和关键举措。

（二）分品种增产能力分解

1. 水稻增产能力

水稻增产能力分析见表4。

单产增长能力。按照近十年我国水稻单产平均增速（0.70%），同时考虑到单产在达到较高水平后，继续高位增产的难度越来越大，以及我国水稻品种结构优质化、技术轻简化的发展趋势，预计"十四五"我国水稻单产增速将略有放缓，按照平均增速降至0.30%测算。预计到2021年我国水稻单产达到472公斤/亩，到2025年水稻单产达到480公斤/亩，到2030年我国水稻单产达到490公斤/亩，到2035年我国水稻单产达到500公斤/亩。

全国增产能力。通过适度恢复双季稻生产、加大抛荒撂荒整治力度，提高单产水平，我国水稻产量仍有潜力可挖。预计到2021年我国水稻种植面积4.52亿亩，总产2.13亿吨；到2025年水稻种植面积4.53亿亩，总产2.17亿吨；到2030年水稻种植面积4.55亿亩，总产2.23亿吨；到2035年水稻种植面积4.55亿亩，总产2.28亿吨。

主要区域增产能力。从区域来看，水稻增产能力较大的区域主要集中在长江中下游稻区、华南稻区和东北稻区。长江中下游稻区、华南稻区是我国最主要的双季稻产区，水稻面积扩大潜力主要在于推进"单改双"，预计该区水稻种植面积继续稳步增加。东北稻区水稻面积占全国比重逐年上升，单产已达到了一个较高水平。其他稻区，华北稻区、西北稻区、西南稻区，受水资源限制、旱灾频繁发生等因素影响，水稻面积扩大难度很大。分省份来看，增产能力较大的省份依次为江西、湖南、黑龙江、安徽、湖北、广东、四川、广西、吉林、江苏，这10个省份到2035年水稻增产幅度占全国水稻总增产的86%。

表4 水稻增产能力分析

分区域	2021年		2025年		2030年		2035年	
	面积/万亩	总产/万吨	面积/万亩	总产/万吨	面积/万亩	总产/万吨	面积/万亩	总产/万吨
全 国	45 200.0	21 335.0	45 300.0	21 744.0	45 500.0	22 295.0	45 500.0	22 750.0
湖 南	6 050.0	2 723.0	6 050.0	2 783.0	6 080.0	2 858.0	6 080.0	2 918.4
黑龙江	5 750.0	2 691.0	5 760.0	2 736.0	5 770.0	2 798.0	5 770.0	2 856.2

(续表)

分区域	2021年 面积/万亩	2021年 总产/万吨	2025年 面积/万亩	2025年 总产/万吨	2030年 面积/万亩	2030年 总产/万吨	2035年 面积/万亩	2035年 总产/万吨
江西	5 130.0	2 114.0	5 150.0	2 189.0	5 200.0	2 262.0	5 200.0	2 340.0
湖北	3 450.0	1 898.0	3 450.0	1 932.0	3 500.0	1 995.0	3 500.0	2 030.0
江苏	3 300.0	1 980.0	3 300.0	2 000.0	3 300.0	2 013.0	3 300.0	2 029.5
安徽	3 800.0	1 664.0	3 820.0	1 700.0	3 830.0	1 762.0	3 830.0	1 800.1
四川	2 830.0	1 486.0	2 830.0	1 500.0	2 850.0	1 539.0	2 850.0	1 567.5
广东	2 730.0	1 097.0	2 750.0	1 128.0	2 750.0	1 169.0	2 750.0	1 196.3
广西	2 640.0	1 022.0	2 650.0	1 047.0	2 650.0	1 073.0	2 650.0	1 099.8
吉林	1 265.0	664.0	1 280.0	678.0	1 300.0	702.0	1 300.0	715.0
云南	1 270.0	533.0	1 270.0	546.0	1 280.0	563.0	1 280.0	576.0
河南	920.0	511.0	920.0	515.0	920.0	524.0	920.0	533.6
重庆	980.0	486.0	980.0	492.0	985.0	497.0	985.0	502.4
浙江	960.0	475.0	950.0	480.0	940.0	479.0	940.0	488.8
贵州	1 020.0	436.0	1 020.0	444.0	1 020.0	459.0	1 020.0	469.2
辽宁	760.0	433.0	760.0	437.0	760.0	441.0	760.0	448.4
福建	900.0	392.0	900.0	396.0	880.0	393.0	880.0	404.8
内蒙古	250.0	141.0	270.0	153.0	280.0	161.0	280.0	162.4
海南	345.0	127.0	350.0	129.0	350.0	131.0	350.0	133.0
山东	170.0	99.0	170.0	99.0	170.0	101.0	170.0	102.0
上海	155.0	88.0	150.0	85.0	150.0	86.0	150.0	87.8
陕西	155.0	79.0	155.0	79.0	155.0	80.0	155.0	81.4
宁夏	100.0	55.0	100.0	56.0	110.0	63.0	110.0	63.8
新疆	85.0	52.0	85.0	52.0	90.0	56.0	90.0	56.3
河北	110.0	46.0	110.0	46.0	110.0	47.0	110.0	47.3
天津	65.0	41.0	60.0	38.0	60.0	38.0	60.0	38.7
甘肃	5.0	2.0	5.0	2.0	5.0	2.0	5.0	2.1
山西	3.0	1.4	3.0	1.4	3.0	1.4	3.0	1.4

（续表）

分区域	2021年		2025年		2030年		2035年	
	面积/万亩	总产/万吨	面积/万亩	总产/万吨	面积/万亩	总产/万吨	面积/万亩	总产/万吨
西藏	1.4	0.4	1.4	0.5	1.4	0.5	1.4	0.5
北京	0.2	0.1	0.2	0.1	0.2	0.1	0.2	0.1
青海	0.0	0.0	0.0	0.0	0.0	0.0	0.0	0.0

2. 小麦增产能力

小麦增产能力分析见表5。

单产增长能力。"十三五"期间我国小麦产业发展总趋势是面积连年下降，单产、总产稳中有增。主要依靠技术进步，使亩产平均每年增长5.7公斤，确保总产连年稳定在1.3亿吨以上并略有增长。2020年我国小麦单产为382.8公斤，假设继续保持目前的增产趋势，小麦平均单产2021年可达384.4公斤，2025年可达400.7公斤，2030年可达415.9公斤，2035年可达430.3公斤。

全国增产能力。通过灌溉条件改善、优良品种推广和新技术普及提高单产水平，我国小麦产量仍有潜力可挖，面积保持稳定略降。预计到2021年我国小麦种植面积3.56亿亩，总产1.37亿吨；到2025年小麦种植面积3.55亿亩，总产1.42亿吨；到2030年小麦种植面积3.54亿亩，总产1.47亿吨；到2035年小麦种植面积3.53亿亩，总产1.52亿吨。

主要区域增产能力。从区域来看，小麦增产能力较大的区域主要集中在黄淮麦区和长江中下游麦区，是小麦稳产保供的重中之重。其他麦区，北部冬麦区、西南冬麦区、东北春麦区、西北春麦区、新疆冬麦区等麦区现有面积均在1 000万亩左右，受土地、灌溉等生产条件制约，发展潜力有限，以稳定面积和总产为目标。

分省份来看,增产能力较大的省份依次为山东、河南、江苏、河北、内蒙古、安徽,这6个省份到2035年小麦增产幅度占全国小麦总增产的84%。一些干旱缺水、收获期雨水多的自然条件恶劣、自然灾害发生频繁地区,如山西、甘肃、四川等省面积将进一步下降。

表5 小麦增产能力分析

分区域	2021年 面积/万亩	2021年 总产/万吨	2025年 面积/万亩	2025年 总产/万吨	2030年 面积/万亩	2030年 总产/万吨	2035年 面积/万亩	2035年 总产/万吨
全国	35 554.7	13 668.3	35 481.1	14 216.0	35 407.5	14 727.4	35 333.9	15 202.9
河南	8 561.2	3 816.7	8 563.7	3 950.9	8 566.3	4 077.4	8 568.8	4 196.1
山东	5 999.6	2 642.4	5 993.6	2 802.1	5 987.6	2 951.9	5 981.6	3 091.8
安徽	4 252.4	1 667.1	4 250.5	1 685.2	4 248.6	1 702.2	4 246.7	1 718.1
河北	3 478.0	1 487.3	3 466.6	1 530.7	3 455.1	1 571.1	3 443.7	1 608.2
江苏	3 518.2	1 363.0	3 513.9	1 444.0	3 509.6	1 519.9	3 505.3	1 590.8
新疆	1 588.5	564.7	1 580.7	544.2	1 572.9	524.9	1 565.1	506.8
陕西	1 447.7	384.3	1 445.4	388.3	1 443.1	392.0	1 440.8	395.4
湖北	1 523.9	391.4	1 518.5	392.4	1 513.0	393.3	1 507.5	394.0
甘肃	1 107.3	287.7	1 102.1	299.3	1 097.0	310.1	1 091.8	320.0
山西	819.0	234.0	816.6	247.9	814.2	260.7	811.7	272.7
四川	911.9	250.5	902.4	257.7	892.9	264.1	883.3	269.8
内蒙古	804.0	194.5	798.1	215.4	792.2	234.6	786.2	252.2
云南	492.3	73.2	490.2	75.4	488.2	77.5	486.1	79.4
天津	151.5	62.8	151.1	66.9	150.8	70.8	150.4	74.4
宁夏	161.1	34.4	160.0	33.9	158.9	33.5	157.8	33.0
青海	154.4	39.0	155.8	36.8	157.3	34.7	158.8	32.6
浙江	123.4	32.3	122.2	32.0	120.9	31.7	119.7	31.5
黑龙江	83.4	21.8	82.4	24.2	81.3	26.4	80.2	28.4
贵州	204.2	30.8	201.0	26.9	197.7	23.4	194.5	20.1
西藏	48.4	18.4	48.1	16.9	47.8	15.5	47.5	14.2

(续表)

分区域	2021年 面积/万亩	2021年 总产/万吨	2025年 面积/万亩	2025年 总产/万吨	2030年 面积/万亩	2030年 总产/万吨	2035年 面积/万亩	2035年 总产/万吨
湖南	33.1	7.6	32.2	7.8	31.4	7.9	30.5	8.0
重庆	30.8	6.8	29.3	6.6	27.8	6.3	26.3	6.1
江西	21.7	3.1	21.8	3.3	21.9	3.4	22.0	3.6
上海	13.6	5.9	10.8	5.5	8.0	4.7	5.2	3.4
北京	11.6	4.3	10.6	4.0	9.7	3.7	8.7	3.4
辽宁	3.6	1.5	3.5	1.7	3.5	1.9	3.4	2.1
吉林	4.5	1.1	4.7	1.2	4.9	1.2	5.1	1.2
广西	4.6	0.5	4.6	0.5	4.6	0.4	4.6	0.4
广东	0.6	0.2	0.6	0.2	0.5	0.2	0.5	0.2
福建	0.2	0.0	0.2	0.0	0.1	0.0	0.1	0.0
海南	0.0	0.0	0.0	0.0	0.0	0.0	0.0	0.0

3. 玉米增产能力

玉米增产能力分析见表6。

单产增长能力。2009—2019年我国玉米单产总体呈稳定增长趋势，2020年达到421.13公斤/亩，年均增长1.32%。根据目前年增长率，预计2021年我国玉米单产可达到425公斤/亩。随着玉米科技进步，单产年均增长率预计可提高到1.6%~1.8%，考虑到2025年全国主要玉米产区转基因抗虫耐除草剂玉米的应用，将会使玉米单产在现有水平基础上再增加3%~5%，预计2025年单产达到460公斤/亩，2030年单产达到500公斤/亩，2035年单产达到540公斤/亩。

全国增产能力。受供需影响，玉米价格快速增长，农民种植意愿更加强烈，面积反弹可能性较大，但同时考虑到国家宏观调控政策影响，这种恢复性增长将有序稳定。预计未来5~15年玉米种植面积保持在6.3亿亩。未来持续的品种改良、地力培育、绿色逆境防控和高效栽培技术创新与应用，将支撑我国玉米总产量稳定增长。预计2021年总产量达到2.67亿吨，2025年总产量达到2.91亿吨，2030年总产量达到3.16亿吨，2035年总产量达到3.42亿吨。

主要区域增产能力。分区域来看，在东北玉米产区，随着玉米价格快速增长，种植面积反弹可能性较大，但同时考虑到国家宏观调控政策影响，恢复性增长将有序稳定；在黄淮海夏玉米产区，综合考虑玉米市场需求、推进玉米和大豆等作物复合种植和供给侧结构性改革等因素，该区域玉米种植面积相对稳定。在西北玉米区，综合考虑西北资源条件、玉米市场需求和科技进步等因素，种植面积在稳定基础上略有增加。在西南及南方区产区，受2020年玉米价格提高及国家"非粮化"相关政策影响，农民种植玉米意愿增强，预计2021年玉米种植面积将会出现恢复性增长，但是对总量增加贡献不大。2035年比2021年产量增加7 435万吨，未来产量增加的贡献主要集中在黑龙江、吉林、内蒙古、山东、河南、河北、辽宁7个省份，7省产量增加占全国增产贡献超过70%。

表6 玉米增产能力分析

分区域	2021年		2025年		2030年		2035年	
	面积/万亩	总产/万吨	面积/万亩	总产/万吨	面积/万亩	总产/万吨	面积/万亩	总产/万吨
全 国	62 915.0	26 738.9	63 155.0	29 051.3	63 255.0	31 627.5	63 285.0	34 173.9
黑龙江	8 900.0	3 960.5	8 900.0	4 272.0	8 900.0	4 628.0	8 900.0	4 984.0
吉 林	6 400.0	3 008.0	6 400.0	3 264.0	6 400.0	3 520.0	6 420.0	3 787.8
内蒙古	5 700.0	2 622.0	5 700.0	2 821.5	5 750.0	3 105.0	5 750.0	3 392.5
山 东	5 850.0	2 340.0	5 850.0	2 574.0	5 850.0	2 808.0	5 850.0	3 012.8

(续表)

分区域	2021年 面积/万亩	2021年 总产/万吨	2025年 面积/万亩	2025年 总产/万吨	2030年 面积/万亩	2030年 总产/万吨	2035年 面积/万亩	2035年 总产/万吨
河南	5 750.0	2 300.0	5 750.0	2 530.0	5 750.0	2 760.0	5 750.0	2 990.0
河北	5 200.0	2 080.0	5 250.0	2 283.8	5 300.0	2 491.0	5 300.0	2 756.0
辽宁	4 400.0	2 024.0	4 450.0	2 225.0	4 450.0	2 403.0	4 450.0	2 581.0
四川	2 800.0	1 148.0	2 800.0	1 204.0	2 800.0	1 316.0	2 800.0	1 400.0
山西	2 500.0	1 000.0	2 500.0	1 100.0	2 500.0	1 175.0	2 500.0	1 287.5
云南	2 700.0	1 053.0	2 700.0	1 107.0	2 700.0	1 188.0	2 700.0	1 269.0
新疆	1 600.0	896.0	1 700.0	1 020.0	1 700.0	1 088.0	1 700.0	1 156.0
安徽	1 800.0	702.0	1 800.0	756.0	1 800.0	846.0	1 800.0	900.0
陕西	1 800.0	702.0	1 800.0	756.0	1 800.0	828.0	1 800.0	900.0
甘肃	1 500.0	660.0	1 500.0	697.5	1 500.0	765.0	1 500.0	810.0
湖北	1 100.0	319.0	1 100.0	363.0	1 100.0	418.0	1 100.0	462.0
江苏	760.0	334.4	760.0	349.6	760.0	380.0	760.0	410.4
广西	880.0	299.2	880.0	325.6	880.0	360.8	880.0	396.0
贵州	800.0	272.0	800.0	296.0	800.0	328.0	800.0	360.0
重庆	660.0	257.4	700.0	294.0	700.0	322.0	700.0	350.0
宁夏	450.0	236.3	450.0	249.8	450.0	270.0	460.0	294.4
湖南	580.0	226.2	580.0	240.7	580.0	269.7	580.0	290.0
天津	272.0	122.4	272.0	131.9	272.0	144.2	272.0	152.3
广东	180.0	61.2	180.0	65.7	180.0	73.8	180.0	81.0
浙江	120.0	34.8	120.0	37.2	120.0	43.2	120.0	48.0
北京	51.0	22.7	51.0	24.5	51.0	29.6	51.0	31.6
江西	70.0	21.7	70.0	23.8	70.0	26.6	70.0	29.4
福建	50.0	17.0	50.0	18.5	50.0	20.5	50.0	22.5
青海	32.0	14.7	32.0	16.0	32.0	16.6	32.0	17.3
西藏	7.5	2.9	7.5	3.1	7.5	3.3	7.5	3.5
上海	2.5	1.2	2.5	1.3	2.5	1.4	2.5	1.5
海南	0.0	0.0	0.0	0.0	0.0	0.0	0.0	0.0

4. 大豆增产能力

大豆增产能力分析见表7。

单产增长能力。得益于科技快速进步和生产条件的不断改善，预计未来15年我国大豆单产增长速度将加快。预计2021年单产为135公斤/亩，增长2.3%；到2025年、2030年、2035年，单产分别增长到145公斤/亩、160公斤/亩、175公斤/亩。

全国增产能力。考虑到2020年国内玉米供应缺口不断扩大的事实，预计2021年大豆面积将会出现小幅调减，总产量略有下浮。从中长期看，我国大豆总产量增加的趋势不会改变。预计到2025年、2030年、2035年，总产量分别达到2 103.5万吨、2 400万吨、2 625万吨。

主要区域增产能力。从区域来看，大豆增产潜力较大的区域集中在北方春大豆区。2021年该区大豆种植面积将比上年略减。未来5~15年，随着传统优势区粮豆轮作体系的恢复和西部旱作间套作大豆生产的发展，北方春大豆区大豆种植面积将稳中有升，大豆单产将稳步增加；黄淮海流域夏大豆区和南方多作大豆区种植面积也将稳步增加。分省份来看，增产能力较大的省份依次为黑龙江、内蒙古、四川、河南、安徽、云南、吉林、山东、湖北、江苏，与2021年相比，这10个省份到2035年水稻增产幅度占全国水稻总增产的82.54%，增产601万吨。

表7 大豆增产能力分析

分区域	2021年		2025年		2030年		2035年	
	面积/万亩	总产/万吨	面积/万亩	总产/万吨	面积/万亩	总产/万吨	面积/万亩	总产/万吨
全 国	14 000.8	1 886.8	14 516.3	2 103.6	15 031.7	2 400.2	15 030.7	2 625.3
黑龙江	6 419.2	786.6	6 419.2	863.8	6 419.2	975.8	6 419.2	1 073.4

（续表）

分区域	2021年 面积/万亩	2021年 总产/万吨	2025年 面积/万亩	2025年 总产/万吨	2030年 面积/万亩	2030年 总产/万吨	2035年 面积/万亩	2035年 总产/万吨
内蒙古	1 784.7	227.7	1 784.7	250.0	1 784.7	282.5	1 784.7	310.7
四 川	603.0	121.9	658.3	139.3	713.5	162.6	713.5	177.0
河 南	592.0	91.8	655.3	104.1	718.5	119.0	718.5	128.8
安 徽	954.4	89.5	1 056.3	101.4	1 158.3	116.0	1 158.3	125.5
吉 林	517.5	70.6	517.5	77.6	517.5	87.6	517.5	96.4
云 南	277.8	59.2	303.3	67.7	328.7	79.0	328.7	86.0
山 东	275.3	49.0	304.7	55.5	334.1	63.5	334.1	68.7
江 苏	287.7	48.0	318.4	54.4	349.2	62.2	349.2	67.3
湖 北	317.6	44.5	346.7	50.9	375.8	59.4	375.8	64.7
湖 南	170.0	37.1	185.5	42.4	201.1	49.5	201.1	53.8
江 西	163.2	34.0	178.2	38.8	193.1	45.3	193.1	49.3
浙 江	135.2	30.1	147.6	34.4	160.0	40.2	160.0	43.7
重 庆	145.4	25.7	158.7	29.4	172.0	34.3	172.0	37.4
贵 州	287.7	23.8	314.1	27.2	340.5	31.8	340.5	34.6
陕 西	226.7	21.9	250.9	24.8	275.1	28.4	275.1	30.7
河 北	140.2	21.5	155.2	24.4	170.2	27.9	170.2	30.2
辽 宁	125.8	21.5	125.8	23.6	125.8	26.6	125.8	29.3
山 西	193.7	20.1	214.4	22.8	235.1	26.1	235.1	28.2
广 西	140.8	19.2	153.7	21.9	166.7	25.6	166.7	27.8
福 建	49.1	11.7	53.6	13.4	58.1	15.6	58.1	17.0
广 东	48.9	11.6	53.3	13.2	57.8	15.5	57.8	16.8
新 疆	58.4	10.0	64.7	11.3	70.9	13.0	70.9	14.0
甘 肃	62.1	6.4	68.7	7.2	75.4	8.2	75.4	8.9
海 南	5.7	1.4	6.2	1.6	6.7	1.9	6.7	2.1
天 津	7.7	0.9	8.6	1.1	9.4	1.2	9.4	1.3

(续表)

分区域	2021年 面积/万亩	2021年 总产/万吨	2025年 面积/万亩	2025年 总产/万吨	2030年 面积/万亩	2030年 总产/万吨	2035年 面积/万亩	2035年 总产/万吨
宁夏	7.3	0.6	8.1	0.6	8.9	0.7	8.9	0.8
北京	2.1	0.3	2.3	0.3	2.6	0.4	2.6	0.4
上海	1.1	0.3	1.2	0.3	1.3	0.3	1.3	0.4
青海	0.0	0.0	0.5	0.1	1.0	0.2	1.0	0.2
西藏	0.5	0.1	0.5	0.1	0.6	0.1	0.6	0.1

5. 马铃薯增产能力

马铃薯增产能力分析见表8。

单产增长能力。在不考虑大范围气候灾害的情况下，马铃薯单产的增长能力主要取决于土地的自然生产能力和科技应用水平。若国家对马铃薯科技研发和先进适用技术推广更加重视，加大投入力度，科技的贡献将进一步突显，可支撑马铃薯单产较长时间的高速增长，将年均3%的增长速度维持10年以上。预计到2021年、2025年、2030年、2035年，马铃薯鲜薯亩产可达1 333.7公斤、1 518.1公斤、1 691.0公斤、1 829.8公斤。

全国增产能力。在没有全国性马铃薯产业政策支持的情景下，预计2021年、2025年、2030年、2035年马铃薯鲜薯产量分别为10 137.00万吨、12 752.88万吨、15 507.35万吨、18 408.71万吨，折粮后分别比2019年增加119.07万吨、642.25万吨、1 193.14万吨、1 773.42万吨。

主要区域增产能力。未来马铃薯产量增加的贡献主要来自西南一二季混作区，该区马铃薯种植面积增加潜力较大，且收获上市期比较分散，马铃薯生产效益相对稳定。从资源条件来看，该区通过开发河谷地带的冬闲田和秋季播种增加种植面积空间较大，估计2021年、2025年、2030年、2035年分别增加至3 980万亩、4 380万亩、4 620万亩、4 950万亩。该区马铃薯单产增加幅度将比较显著，加之高产抗病品种、高效栽培技术和病虫害防治技术的推广应用，估计2021年、2025年、2030年、2035年鲜薯总产分别达到4 810.21万吨、6 156.22万吨、7 364.55万吨、8 755.37万吨，分别占全国总产量的47.45%、48.27%、47.49%、47.56%。从省份来看，未来马铃薯产量增加的贡献主要来自四川、贵州、云南、内蒙古、甘肃、湖南、重庆、湖北、河北、山东、陕西、吉林、河南，占整体增产贡献的80.34%。

表8 马铃薯增产能力分析

分区域	2021年		2025年		2030年		2035年	
	面积/万亩	总产/万吨	面积/万亩	总产/万吨	面积/万亩	总产/万吨	面积/万亩	总产/万吨
全 国	7 600.50	10 137.00	8 400.50	12 752.88	9 170.50	15 507.35	10 060.50	18 408.71
四 川	1 000.00	1 423.21	1 100.00	1 814.87	1 150.00	2 146.70	1 200.00	2 473.18
贵 州	1 200.00	1 329.63	1 300.00	1 669.86	1 300.00	1 889.29	1 300.00	2 085.93
云 南	800.00	892.70	850.00	1 099.57	900.00	1 317.24	1 000.00	1 615.93
内蒙古	450.00	708.93	500.00	869.68	600.00	1 124.27	700.00	1 392.26
甘 肃	850.00	1 070.22	900.00	1 251.12	1 000.00	1 497.57	1 100.00	1 748.57
湖 南	100.00	166.01	150.00	288.67	200.00	435.47	300.00	721.19
重 庆	500.00	607.97	550.00	775.29	580.00	925.01	600.00	1 056.50
湖 北	360.00	380.24	400.00	489.77	450.00	623.40	500.00	764.76
河 北	230.00	513.21	250.00	615.90	270.00	716.58	300.00	845.13
山 东	200.00	575.28	210.00	700.25	220.00	850.00	220.00	893.82
陕 西	480.00	439.12	500.00	505.03	550.00	598.46	600.00	692.99
吉 林	80.00	183.13	100.00	252.73	120.00	326.72	150.00	433.50
河 南	40.00	83.64	60.00	145.44	80.00	224.81	100.00	295.35
江 西	60.00	112.85	80.00	174.44	100.00	252.77	120.00	318.80

（续表）

分区域	2021年 面积/万亩	2021年 总产/万吨	2025年 面积/万亩	2025年 总产/万吨	2030年 面积/万亩	2030年 总产/万吨	2035年 面积/万亩	2035年 总产/万吨
广西	100.00	79.69	150.00	131.98	200.00	189.57	250.00	251.53
福建	80.00	115.55	100.00	159.46	120.00	206.15	150.00	273.52
黑龙江	180.00	280.65	190.00	327.08	200.00	370.90	220.00	433.06
宁夏	150.00	216.77	160.00	255.29	170.00	292.21	200.00	364.90
安徽	50.00	49.58	80.00	91.97	110.00	146.60	130.00	182.09
山西	250.00	275.83	260.00	316.72	270.00	354.33	280.00	390.03
浙江	60.00	78.37	70.00	105.99	80.00	140.42	100.00	184.48
青海	120.00	174.63	130.00	208.87	140.00	242.32	150.00	275.59
新疆	30.00	78.87	40.00	116.11	50.00	156.35	50.00	165.96
辽宁	100.00	120.46	110.00	146.30	120.00	171.93	130.00	197.71
广东	80.00	133.28	90.00	165.54	100.00	198.15	100.00	210.33
江苏	30.00	36.72	40.00	56.76	50.00	82.25	60.00	103.73
西藏	20.00	10.46	30.00	18.19	40.00	27.44	50.00	37.87
北京	0.00	0.00	0.00	0.00	0.00	0.00	0.00	0.00
天津	0.50	0.00	0.50	0.00	0.50	0.00	0.50	0.00
上海	0.00	0.00	0.00	0.00	0.00	0.00	0.00	0.00
海南	0.00	0.00	0.00	0.00	0.00	0.00	0.00	0.00

6. 杂粮增产能力

杂粮增产能力分析见表9。

杂粮主产区可划分为东北、西北、华北、华中、华东、华南、西南等7个区域。综合平衡国家粮食安全战略布局，充分发挥杂粮抗旱、耐瘠、耐盐碱的特性，通过提升单产水平、配套高产轻简化生产技术、中低产田地力提升以及部分地区种植面积恢复性增长等措施，杂粮增产潜力重点在西北、西南干旱半干旱区和华北区压采地下水季节性休耕区以及全国撂荒区。

全国增产能力。到 2021 年我国杂粮种植面积 1.20 亿亩，单产 227.24 公斤/亩，总产 0.27 亿吨；到 2025 年杂粮种植面积 1.28 亿亩，单产 250.41 公斤/亩，总产 0.32 亿吨；到 2030 年杂粮种植面积 1.40 亿亩，单产 281.00 公斤/亩，总产 0.39 亿吨；到 2035 年杂粮种植面积 1.53 亿亩，单产 315.51 公斤/亩，总产 0.48 亿吨。

主要区域增产能力。未来杂粮产量增加的贡献主要来西南区域。西南地区生态条件复杂、丘陵山地较多，是全国主要杂粮产区，高端酿造高粱、青稞和饲用大麦、蚕豆、豌豆、甘薯、荞麦、燕麦等杂粮都有分布，且种植面积大。预计在 2021 年、2025 年、2030 年、2035 年 4 个时点的面积分别达到 3 966.03 万亩、4 242.68 万亩、4 615.77 万亩、5 021.69 万亩。总产量分别达到 976.94 万吨、1 151.39 万吨、1 404.55 万吨、1 722.85 万吨，分别占全国总产量的 35.80%、35.82%、35.79%、35.66%。从省份来看，未来杂粮产量增加的贡献主要来自四川、内蒙古、重庆、云南、河北、山西、河南、吉林、江苏、贵州、甘肃、湖南、广东、黑龙江、辽宁，占整体增产贡献的 80.92%。

表 9　杂粮增产能力分析

分区域	2021 年 面积/万亩	2021 年 总产/万吨	2025 年 面积/万亩	2025 年 总产/万吨	2030 年 面积/万亩	2030 年 总产/万吨	2035 年 面积/万亩	2035 年 总产/万吨
全　国	12 007.34	2 728.58	12 837.23	3 214.60	13 966.43	3 924.54	15 314.12	4 831.78
四　川	1 352.84	378.37	1 447.21	446.79	1 574.47	549.95	1 712.94	676.95
内蒙古	1 389.59	232.22	1 486.52	274.21	1 617.24	337.52	1 759.46	415.47
重　庆	730.83	220.34	781.81	260.19	850.56	320.26	925.36	394.22
云　南	1 024.31	191.88	1 095.76	226.58	1 192.12	278.89	1 296.96	343.30
河　北	753.88	168.65	799.50	197.42	861.01	240.55	927.93	293.32
山　西	821.30	114.00	878.59	134.61	955.85	165.69	1 139.91	223.57
河　南	428.27	122.90	458.15	145.12	498.44	178.63	542.27	219.88

(续表)

分区域	2021年 面积/万亩	2021年 总产/万吨	2025年 面积/万亩	2025年 总产/万吨	2030年 面积/万亩	2030年 总产/万吨	2035年 面积/万亩	2035年 总产/万吨
吉　林	321.35	108.73	343.77	128.40	374.00	158.04	406.89	194.54
江　苏	303.97	99.56	325.18	117.57	353.77	144.71	384.88	178.13
贵　州	627.99	97.59	671.80	115.24	730.87	141.85	795.15	174.61
甘　肃	413.67	93.12	442.53	109.96	481.44	135.35	523.78	166.61
湖　南	286.06	86.85	306.01	102.55	332.92	126.23	362.20	155.38
广　东	253.46	82.99	271.14	97.99	294.98	120.62	320.93	148.48
黑龙江	440.10	74.76	470.80	88.28	512.20	108.66	557.25	133.75
辽　宁	231.26	70.53	247.39	83.29	269.14	102.52	292.81	126.19
陕　西	466.63	62.28	499.18	73.54	543.07	90.52	590.83	111.43
广　西	491.39	60.53	525.66	71.47	571.89	87.97	622.18	108.29
西　藏	230.06	88.75	246.11	102.59	267.75	113.60	291.29	133.77
山　东	228.39	89.35	244.32	98.27	265.80	109.90	289.18	131.31
湖　北	222.58	49.73	238.11	58.72	259.05	72.27	281.83	88.96
福　建	168.77	62.15	180.55	77.57	196.42	87.88	213.70	98.89
安　徽	172.32	28.83	183.65	33.92	208.92	43.66	255.53	60.42
江　西	145.26	37.00	155.39	43.69	169.06	53.78	183.93	66.20
浙　江	111.70	34.88	119.49	41.19	130.00	50.70	141.43	62.41
海　南	59.93	17.87	64.11	21.10	69.74	25.97	75.88	31.96
新　疆	49.99	18.78	53.48	22.18	58.18	27.30	63.30	31.07
青　海	99.26	14.34	106.18	16.94	115.52	20.85	125.68	25.66
宁　夏	160.01	14.23	171.17	16.80	186.22	20.68	202.60	25.46
天　津	9.40	3.26	10.05	3.75	10.94	4.52	11.90	5.12
上　海	6.89	2.66	7.37	2.99	8.02	3.39	8.73	3.89
北　京	5.87	1.43	6.28	1.68	6.83	2.07	7.43	2.55

三、制约增产能力目标的关键因素

(一) 水土资源强约束

中国水资源总量居世界第四位,人均占有量仅为世界平均水平的1/4,是世界上淡水资源严重紧缺的国家之一。2019年农业用水减少到3 682亿立方米,人均农业用水下降到263米^3/人,预测到2035年农业用水总量和人均水量还会减少(图2)。

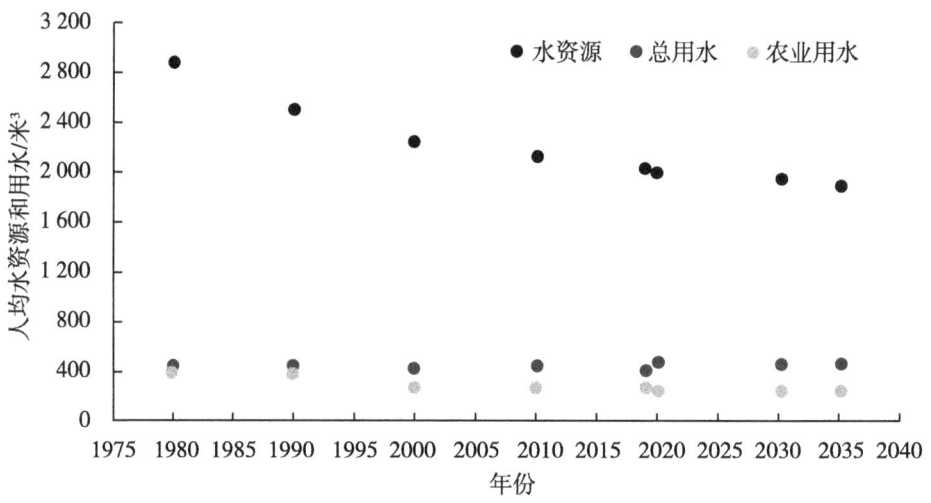

图2 全国人均水资源、总用水和农业用水

受农业比较效益的驱动而使灌溉农田向非粮农田转变,再加上国家对粮食总量增加的刚性需求,"水减粮增"的矛盾将越来越突出。我国粮食生产布局与水分资源分布的严重错位,将使缺水的北方更缺水,难以为继。全国耕地后备资源潜力仅为8 029.15万亩,零散耕地后备资源面积占比高达64.7%,开发利用成本高[①]。耕地质量下降的问题也为普遍，直接影响农业生产能力。全国质量等级在四至六等的面积为9.47亿亩，占耕地总面积的比重高达46.81%；七至十等耕地占比达到21.95%，生产障碍因素突出，短时间内很难得到根本性改善。

（二）基础设施受制约

粮食田间生产设施得到了一定提升，但是存在历史欠账较多、资金总体投入不足、工程管护不到位等问题。农田水利设施基础薄弱依然是限制粮食生产提升的瓶颈，尤其是排灌水渠缺失、破损，高标准农田早期建设标准已落后于生产力发展的要求，需要提质升级等问题。现行基础设施工程项目重建设、轻管护问题，新建工程效果打折扣，影响粮食持续增产。

（三）技术环节存障碍

缺乏适宜大面积推广、区域带动性、适宜轻简化生产的新品种和设备、配套技术。小型农户机械化作业标准低、技术不到位。东北地区作物连作现象普遍，土壤肥力下降，病虫草害发生加重，限制了产量提高。南方双季稻生产劳动强度大、种植效益低，生产中容易遭遇倒春寒、寒露风、洪涝等灾害影响，水稻生产风险大，"单改双"持续推进难度大。水旱、台风等自然灾害多发频发，在全球气候变暖背景下气候不确定因素进一步增多，作物生产的不稳定性增强。

---

① 数据来源：《全国耕地后备资源调查评价数据结果》《全国耕地后备资源特点分析》，中华人民共和国自然资源部，http://www.mnr.gov.cn/dt/zb/2016/gd/zhibozhaiyao/201806/t20180629_1964638.html。

(四) 支持力度待提升

利益补贴机制不健全，产粮大县补偿金额远不足以弥补发展非粮非农产业的机会成本损失，主销区对主产区的利益补偿机制尚未建立。金融保险门槛高。金融支农几乎对粮农呈关闭状态，粮食、农机等还不能作为抵押物，贷款对于粮农来说是个难以逾越的鸿沟，造成产业发展"缺血"。加工企业与种植户联动保障机制不健全，联结不顺畅。粮价高的时候，农户缺少契约精神；粮价低迷的时候，企业违约行为更常见。除此之外，支持粮食产业信息化和现代化建设、全面提升粮食产业带动力的相关政策缺位，难以解决产业面临的长期问题，亟待加快构筑稳固的粮食产业发展长效机制。

四、主要思路举措

确保国家粮食有效供给，关键在于提高粮食综合生产能力，尤其是发挥科技潜力。按照"稳北、强南、拓西"的思路，采取针对性的政策措施，突破薄弱环节，建立保障粮食生产的长效机制。

(一) 启动新一轮千亿斤粮食增产工程

启动国家黑土地保护项目，推进集中连片黑土地综合治理，开展保护性耕作，有效促进粮食作物增产。启动优质标准化项目，加大田间道路建设、土壤改良、高效节水、农田防护、科技服务和建后管护等方面的支持力度，切实提升耕地蓄水保肥、抗旱防涝能力。启动全程机械化推进项目，加快农机新旧动能转换，突破薄弱环节，全面提升机械化作业水平。启动农业信息化建设项目，强化监测研判，完善跨部门协同的灾情监测预警体系，准确掌握灾害性天气、重大病虫发生趋势及灾情发展动态，及时发布预警信息。

（二）建立粮食增产科技工程

围绕"卡脖子"问题，建设一批综合性、专业性实验室、科学实验站和试验基地，开展共性技术攻关需求和技术集成创新转化，农业科技贡献率要尽快恢复到全国科技贡献率平均水平。

创新投入支持机制，围绕解决区域性产业发展的重大科技问题，加强良种重大科研联合攻关和绿色高质高效模式集成创新，加快水稻生产全程智能化水平，尽快提升农业科技投入强度达到国家科技投入强度的平均水平。推动企业成为技术创新主体，增强企业创新能力，着力提升企业在农业科技创新中的地位，尽快推进农业企业研发投入水平达到全国平均水平，支持企业参与或主持科技重大专项、农业科研专项、高新技术产业化项目、农业科技成果转化等项目，对于产业化特征突出的重大科技项目，可由有条件的企业牵头组织实施。

（三）建立粮食生产动态评估与风险预警体系

在国家层面成立国家粮食安全风险管理领导小组，负责对全国粮食安全领域重大风险综合管理工作的统筹领导协调、宏观指导和监督检查与考核。在各级农业农村部门设置职能机构或功能，统筹粮食安全风险分析评估、监测预警、防控转移、应急保障工作。充分发挥中国农业科学院国家农业科技支撑和高端智库咨询的作用，牵头组建国家粮食安全风险评估预警中心，集成国内各相关业务部门、科研院所、高校、专业机构等风险监测与评估资源、团队,推动构建国家粮食安全风险评估及预警系统。建立跨部门协同的风险会商工作机制,发布监测评估报告,提前落实防控措施。

五、政策建议

(一) 加快落实粮食安全党政同责制

各级党委和政府要贯彻落实中央农村工作会议决策部署,提高政治站位,强化责任担当,把保障粮食安全放在突出位置,明确党、政方面领导干部责任,形成书记抓面积、抓数量,省长抓流通、抓质量的责任机制,共同扛起维护国家粮食安全的主体责任。严格落实责任制要求,充分发挥考核指挥棒作用,加大对耕地保护力度、粮食面积、粮食产量、增产目标、自给率等的考核权重。对于粮食主要依赖外地的省市,要考核与主产区分担的责任情况,以及是否构建通畅和运转高效的物流体系等,切实压实地方政府责任,持续提升粮食安全保障能力和水平。

(二) 考核粮食产销区自给率

细化对粮食主产区、产销平衡区和主销区的粮食安全保障责任和考核要求。粮食主产区要努力发挥优势,巩固提升粮食综合生产能力,继续为国家粮食安全作贡献;产销平衡区和主销区要按照重要农产品区域布局及分品种生产供给方案要求,制定具体实施方案并抓好落实,扭转粮食种植面积下滑势头。把稳定保持一定的粮食自给率作为粮食主销区的重点考核内容,明确粮食产量底线,以2020年为基数确保粮食种植面积不减少、产量有提升。

（三）建立粮食主产县经济社会发展扶持政策清单

尽快制定粮食主产县经济社会发展扶持清单，加大对粮食主产县的农业农村基础设施、文化教育、医疗卫生等公共服务的支持力度；明确主销区对主产区进行对口援建，投资生产设施设备、社会化服务、科技研发、购销协作等，提升产区现代产业经济活力。为主产区单独设立粮食风险基金，当粮食价格降低时，作为粮农收入的补偿来源，以保障种粮收益。探索设定面向粮食主产县的专项税收政策，通过提高粮食主产县在主要税种与中央政府的分享比例、减免区域重点行业税收等方式，激发种粮抓粮积极性。对粮食主产县企业的免（减）税优惠额度作为中央对地方税收定量返还的核算依据，以增强县域经济保障能力。

（四）加快发展农业社会化服务体系

规模化和机械化是提升我国粮食等大宗农产品综合效益的有效途径。大力支持家庭农场、种植大户和专业合作社发展，逐步加大和普及适度规模经营。在促进土地流转的同时，通过农业社会化服务体系，提高粮食规模化经营和生产机械化程度。加快适应机械化生产的优良品种选育，改善品种、农机、烘干等多个方面促进全程机械化。更大范围落实土地深松作业、农机跨区作业、节水灌溉、"一喷三防"等补贴政策，强化粮食病虫害的综合防治，支持各环节的社会化、专业化服务组织发展。

分领域专家：
水稻：方福平、徐春春、纪龙
小麦：孙果忠、肖世和、张锦鹏、刘录祥
玉米：李新海、黎 裕、王红武

大豆：韩天富、吴存祥、田世艳

马铃薯：金黎平、罗其友、高明杰

杂粮：刁现民、李顺国、武　晶、郭刚刚、周美亮、曹清河、刘　猛、赵文庆

水土资源：王庆锁、周振亚

执笔人：刘明月、崔奇峰、张　琳、王国刚、钟　钰

时间：2021年4月

从战略上防止玉米成为第二个大豆的研究

2019年以来,国内市场玉米价格从0.9元/斤的基点上不断攀升,2021年春季峰值甚至超过1.5元/斤,为改革开放以来的最高。与此同时,2020年全年玉米进口1 130万吨,入世后首次超过720万吨的进口配额量。玉米供求形势的巨大变化,会不会成为供不应求的一个转折点,会不会成为依赖国际市场实现国内平衡的一个起点,会不会成为"第二个大豆"。玉米是实现"谷物基本自给"的主力军,攸关保障国家粮食安全的大局。面对近年玉米产销关系波动,需要我们高度重视,未雨绸缪,科学地把控形势变化,保持战略定力,系统谋划,综合施策。

一、玉米产销形势变化释放出"第二个大豆"的信号

玉米和大豆同为主要饲料作物,其需求特性具有相似之处。当前玉米显现的迹象正似重复昨天大豆的故事。我国是大豆的起源中心,从新中国成立到20世纪90年代末,一直是大豆生产大国、消费大国、出口大国。1964年,中国大豆产量、贸易量分别

占世界的27%和8%。一直到1995年,我国都是大豆净出口国。1996年是个转折点,特别是加入世贸组织后,实施单一的3%进口关税,取消所有贸易保护措施,我国沦为大豆净进口国,呈现3个特点。**一是进口规模大**。2020年,我国进口大豆超过1亿吨,接近世界贸易量的60%。进口大豆数量按国内单产折算所需耕地面积相当于我国华北地区、东北地区耕地面积的105%。**二是进口市场集中**。1996—2020年累计进口10.9亿吨大豆,从巴西、美国和阿根廷分别进口5.21亿吨、3.86亿吨和1.36亿吨,从巴、美、阿三国的合计进口量占总进口量的96.4%。**三是进口规模增长的间隔期越来越短**。国家从2003年开始,启动大豆振兴计划,近些年在东北主产区实施生产者补贴政策,但都没有缓解大量依赖进口的局面。进口规模增长间隔期越来越短,1990—1999年累计进口大豆1 200万吨,而21世纪第一年度进口量就高达1 000万吨以上。2010年后,几乎每年以1个千万吨台阶的进口规模在增长。与此同时,国内大豆加工企业主要受国际粮食巨头ADM、邦吉、嘉吉、路易达孚和丰益国际等外资控股或参股,2020年丰益国际的益海嘉里油料压榨和油脂精炼产能为2 404万吨和1 142万吨,约占全国总产能两成,益海嘉里旗下的金龙鱼、胡姬花、欧丽薇兰等,加上参股的鲁花,占国内食用油市场份额超过50%。

我国大豆以及大豆产业高度依赖国际市场,给国内市场供应、产业安全带来许多隐患和挑战。这一局面既有资源稀缺、主动开放市场的考量,也有对形势发展估计不足、政策应对不够有力的教训。而玉米是我国第一大粮食作物,在粮食安全中具有举足轻重的地位,是确保"谷物基本自给"目标实现的重点、难点,我们要深刻吸取大豆的教训,防止玉米过度依赖国际市场,丧失市场调控的主动权。

2020年以来,我国玉米市场发生深刻变化,呈现三大特点。

一是进口首次突破配额。自2010年我国从玉米净出口变成净进口，进口规模逐年增加。从2010年进口158万吨，到2020年进口1 130万吨，首次超过进口配额规模。二是进口市场集中。现阶段进口玉米主要来自美国和乌克兰。其中，2020年50%以上来自乌克兰，近40%来自美国。三是价格超过历史纪录。2019年以来，国内玉米价格从0.9元/斤的基点上不断攀升，2021年3月的峰值甚至超过1.5元/斤，上涨幅度高达67%，创改革开放以来的最高纪录。

其中，2020年以来我国玉米价格持续上涨，主要是受内外部因素叠加影响。一是国际大环境影响和疫情外部冲击。国际货币基金组织（IMF）数据显示，从2020年4月到2021年3月，全球大宗商品价格指数上涨68%，呈现"一切皆涨"态势。值得注意的是，现阶段商品价格已显著高于疫情前水平，呈现不可逆转的趋势。粮食作为重要大宗商品，玉米作为重要粮食产品，美国玉米价格同期上涨了67%，可见国内价格的持续上涨离不开国际价格的传导与推动。新冠肺炎疫情是最大影响因素，一方面，疫情发生后全球实行量化宽松的货币政策，短期内货币急遽大量释放，美元疲软贬值，催化了商品价格"水涨船高"。另一方面，全球重大危机刺激了商品的防御性需求增加，引起短期内国际市场供需矛盾，从而带动全球商品价格上涨。二是国内玉米供求关系的变化。近几年，国内玉米产大于需，库存曾大量增加，国家政策调控"三量发力"。在生产端，下发了《"镰刀弯"地区玉米结构调整的指导意见》，"镰刀弯"地区玉米面积调减5 000万亩以上，西南地区一些地方把玉米种植与脱贫攻坚无形中对立起来，甚至采用行政手段禁种、限种玉米；在流通端，把玉米临时收储政策调整为市场化收购加补贴；在消费端，刺激玉米加工消费，对规模以上玉米深加工企业在规定期限内收购加工新产玉米给予补贴，支持玉米向生物能源转化，到2019年玉米深加工产能达到1.2亿吨，比2016年增长37.2%。国内玉米产不足需的特征日渐明显。短短几年内国内玉米供需关系发生改变，产需缺口越拉越大，玉米价格上涨实际是供求关系变化的市场映射。

基于对玉米形势的研判，供应偏紧和价格倒挂是未来两个长期难以逆转的情形。**一是玉米供应将长期偏紧**。随着消费结构升级，国内对玉米的饲料需求与日俱增，而就供给端来说，考虑到耕地等资源约束以及政策调控的影响，全国玉米种植面积缩减。与2016年相比，西南部分省份玉米面积大幅减少，贵州更是减少了近50%。玉米供给难以充分满足需求，产需缺口逐步拉大，国内玉米供应将长期偏紧。**二是玉米价格继续倒挂**。玉米是继大豆之后，第二个价格倒挂严重的粮食品种，2020年以来，国内外玉米价格均处在高位，国内价格始终高国际玉米价格20%左右。市场价格是国际竞争力的直接体现，价格倒挂严重的根本原因在于我国玉米竞争力较低，因此国内外玉米价格倒挂的局面短期内难以改变。这两个因素和当年大豆情况类似，产需缺口拉大与价格倒挂将共同导致未来一段时间内玉米进口量继续增加。对此，要高度重视，准确把握形势，否则未来供需缺口持续拉大，宏观把控难度将越来越大。

二、产业困难、发展特点判断

我国四大粮食品种，水稻、小麦单产分别为470公斤/亩和383公斤/亩，比世界平均水平高52%和64%；玉米单产421公斤/亩，仅相当于世界平均水平，明显低于美国、阿根廷，是美国的59%、阿根廷的82%；大豆单产132公斤/亩，比世界平均水平低30%，是美国的59%，巴西的57%，阿根廷的70%。从我国玉米生产看，也有类似大豆生产面临的窘境。我国玉米生产面临的突出问题不少，**一是技术卡脖子问题突出**。主要表现在种子创新力度不够，品种同质化严重，高产、优质、多抗、广适的优良品种相对较少，突破性优良品种更为缺乏。调研中发现河北隆尧、景县现在主推的玉米品种还是2000年审定的郑单958、2006年审定的先玉335，这也是全国目前的两大当家品种。国内大部分品种含水量高，收获和脱粒过程中破损率高，抗倒伏性差，不适宜机械化粒收，进而影响玉米种植的现代化水平。另外，玉米品种科研攻关组织方式分散，多以小作坊形式存在，且投入力度小，企业未发挥新品种创新主体作用，无力和国外巨头竞争。**二是装备卡脖子问题突出**。玉米整体机械化率较高，但收获环节问题较多，质量、成本效益远低于发达国家。2020年9月，课题组在黑吉两省调研了解到，3场台风正面袭击东北，造成玉米大面积倒伏，对产量影响较小，但增加了收获难度。国产收割机收获效率不及原来的一半，亩收获费用翻了2倍，损耗高达15%左右，而美国约翰迪尔、德国克拉斯机械能够很好应对倒伏，效率高、损耗低。许多大户和合作社反映，我国农机装备"不用不坏、一用就坏"，必须尽快改变国产农机研发、制造落后的局面。解决国产农机制造落后，需要从源头发力，变革体制和机制，组织全国大攻关、大协作，早日突破难点满足生产需求。另外，现有基本农田配套设施投入不足，节水灌溉装备滞后，制约水肥一体化技术实施。**三是生产成本高、竞争力弱、效益低**。与美国相比，2018年我国每亩玉米生产成本多304元，高41%。在人工投入方面，中国人工成本占总成本41%，美国不到1%；在土地投入方面，中国玉米土地成本为227.5元/亩，美国玉米土地成本为175.1元/亩，比美国高52.4元/亩。中美生产成本的巨大悬殊反映了经营规模和生产方式的差异。对比国际主要黄金玉米带,美国实行保护性耕作,耕作以深松为主,很少翻耕,免耕占20%,土地耕作和培肥地力主要集中在收获后进行,为春季高质量播种和玉米生长发育创造良好条件,从种到收基本不需要田间操作。我国玉米带则按照传统耕作方式,多次翻耕和耙地,最后起垄,造成水土流失严重。此外,美国玉米生产使用的大型机械设备均配有GPS卫星系统,可对田间生产情况进行持续信息追踪,从播种、施肥、收获、土壤情况到单产测量等都实行精细化的数据管理,针对表型和存在的问题,及时进行相应技术服务指导。如不解决这些问题,长期生产力水平低于国外,则价格倒挂长期存在。

从贸易和消费看,**一是贸易集中度高**。全世界有70多个玉米生产国,出口量排名前四的国家有美国、巴西、阿根廷和乌克兰。2019/2020年度四国出口量之和占全球玉米出口总量的88%,其中美国占27%,巴西占22%,阿根廷占20%,乌克兰占19%。这些国家种源、港口、贸易都受四大粮商控制,四大粮商出口量合计占世界的70%以上,其中2019年嘉吉粮食贸易量为5 400万吨。每逢国际金融危机、新冠肺炎疫情等重大公共卫生安全事件和地区冲突等,国际市场粮食贸易都会发生重大变化,国际粮食市场都会产生相应波动,出口国会倾向于采取限制出口等手段,2020年3月24—31日仅一周时间,俄罗斯、越南、印度、哈萨克斯坦、乌克兰等12个国家宣布或启动了粮食出口限制措施。我国已经深度融入国际农业价值链,需密切关注实施出口限制国家的粮食出口情况,准确判断对我国粮食进口及粮食安全的影响,防范可能带来的冲击。**二是外部化程度高**。进入21世纪,石化能源日益减少的窘境下,玉米价格与石油高度关联。美国控制国际玉米市场三成货源,2008年石油价格达到70美元以上时,美国用玉米加工乙醇燃料,替代石油拉动玉米价格疯涨。同时,玉米和其他大宗商品，深受资本青睐和市场投机行为影响，价格变化常脱离正常的供求关系。2020年国内外玉米价格高涨，但实际上全球玉米增产，供给相较于上年增加了2%，国内玉米产量也维持上年水平，市场并不缺粮，主要是由于资本预判后期形势向好而囤积，导致玉米滞留在流通环节。据我们在山东齐河、章丘调研了解到，2021年市场上玉米销售流通进度只有30%，不及往年一半。**三是产业关联度高**。玉米除了直接用作饲料和食用外，用途非常广泛，是加工程度最高的粮食作物，加工空间大、产业链长、产品丰富，包括淀粉、淀粉糖、变性淀粉、酒精、酶制剂、调味品、药用等系列，深加工产品达3 000多种，这种特性决定了市场、供求关系受到的影响因素复杂。**四是消费需求增长快**。从国际上看，玉米是发展中国家工业化和城镇化进程中消费需求增长最快的品种。我国正加速由中高收入迈向高收入国家行列，城乡居民膳食结构急剧变化，口粮消费呈下降趋势，水稻、小麦主要是保持稳定供给，重点是优化品质结构。而随着肉蛋奶消费的继续增加，玉米的饲料消费还会持续增长。据美国农业部（USDA）数据显示，从国内玉米消费总量来看，中国为2.89亿吨，美国为3.05亿吨，差距较小；但是从人均消费水平来看，中国为206公斤/人，美国高达920公斤/人，是我国的4.6倍，这意味着未来我国玉米消费还有很大空间。从趋势分析看，玉米消费增长是刚性的，玉米生产和市场供给压力始终存在。

受资本市场影响，玉米国际化水平高，总体贸易量大，达到1.8亿吨，稻谷贸易量仅0.4亿吨。如果中国从世界上继续大量购买，则可能引发发展中国家担忧、国际价格上涨、供求关系趋紧。我国玉米存在类似大豆的生产成本高、竞争力弱等问题，如不重视，还会出现洋货入市、国货入库现象。加工企业在成本效益面前，愿意选择进口玉米。越没有有效市场需求，竞争力就越弱。

三、有关政策建议

在新发展阶段，要以习近平新时代中国特色社会主义思想和国家粮食安全战略为指导，**深化"谷物基本自给、口粮绝对安全"的认识**。在切实做到水稻和小麦立足国内生产满足供应的基础上，进一步细化、实化谷物基本自给的要求。建议将"谷物基本自给"分解为"稳住一头、放开一头"，即立足国内生产保障玉米食用饲用自给，工业加工玉米主要依靠国际调剂。从消费总量上看，80%立足国内生产，20%来自国际进口。据测算，到2025年玉米总消费达到3.06亿吨，2030年达到3.25亿吨，年均增长1.23%。其中，饲用玉米超过七成，2030年饲用玉米消费达到2.22亿吨。未来长期目标，需要开展六大工程建设。

（一）结构调整工程

西南地区高温潮湿，极易导致玉米霉变而毒素超标，不适宜发展籽粒玉米。该区域作为全国畜牧优势产区，饲料需求不断加大，带来青饲、青贮专用玉米需求量持续增长，但西南地区以籽粒玉米种植为主、单产水平低，青贮玉米发展水平低，不适宜现代牧业发展需要。西南地区是全国畜牧大区，2019年牛养殖头数2 898万头，占全国32%，发展牛羊等草食畜牧业，青贮玉米是关键。西南地区玉米面积接近7 000万亩，占全国种植面积11%，但青贮玉米相对较少，要改变过去以籽粒玉米为主的发展思路任重道远，结构调整潜力大。在西南玉米产区，支持改变利用方式，加强试验示范，优化种植结构，推动传统的籽粒利用向全株青贮利用转变。着眼于丘陵山地玉米现代化发展，适应玉米"粮改饲"

"粮改专"，以及机械化、优质化、绿色化、高效化发展的需要，全力提升青贮技术水平。同时，统计上要对全株青贮玉米按照其营养当量确定科学的转换系数，按照相应比例折算成玉米产量。此外，将全国2 000万亩的鲜食玉米应纳入粮食统计范畴。

（二）良种攻关工程

纵观国内，我国超级稻领跑世界，接下来要突破的目标就是单季亩产1 200公斤、双季亩产2 000公斤。农业农村部组织的超级稻育种计划联合了国内优势科研力量，汇聚了一支创新能力较强的研究与示范推广队伍，是有组织、有规划、合作攻关全国一盘棋的整体工程，创造了我国水稻高产优质一个又一个世界领先水平。美国是玉米杂交种的首创国，培育和推广玉米杂交种是玉米单产大幅度提高的重要原因之一，近30年来美国玉米单产提高，40%～50%应归因于杂交种推广应用。参照超级水稻工程的做法、借鉴美国玉米良种繁育经验，建议组织开展玉米高产攻关计划，设立玉米研发重大专项，力争5年上个新台阶，2025年玉米单产达到460公斤，2030年单产突破500公斤。对标优质玉米品种标准，加快良种选育，合理区域布局，在品种选育上应重视综合性状优良的种质资源和品种选育，如耐密、耐瘠薄、抗旱、抗病、抗寒、抗倒等抗逆性以及适合不同加工用途的专用型种质和品种选育，优化品种结构，丰富品种类型。国家要持续增加相关专项投入，逐步完善玉米栽培研究体系，支持新品种良种繁殖基地建设，确保大面积生产用种供给。注重机制创新和商业化育种体系及企业创新主体地位建设，针对种质资源、品种创制、良种繁育、种子加工流通等重大技术环节，对育种研发进行全产业链系统布局。强调科研攻关的组织方式改变，采取规模化、集团化的大协作方式。科企紧密联合，在过程中孕育企业创新主体地位。

(三) 全程机械化工程

机械化应是今后我国玉米优势区重点发展的措施之一。在黄淮地区，玉米生产的全程机械化作业，特别是机械深松整地、精量半精量播种、机械施药、施肥和收获等生产装备水平获得长足发展，但浇地依然是玉米全程机械化的短板，妨碍着大面积推广水肥一体化。在机井建好的地区，因浇水用工量大、耗时长难雇到人。在喷灌方式的地区，时间短了农民认为浇不透，时间长了农民又觉得费电。建成的高标准农田基本都在田间地头打好机井、留好水源接口，离实现水肥一体化只差"最后几米"。落实全程机械化需要两方面着力。一是补贴适宜的水肥一体化设置装备。河北衡水的经验显示，用地埋伸缩式喷灌，一次性投入材料费1 500元/亩（不包括安装费用），使用期10年，平摊下来100多元/年，由于是一次性投入，需政府给予支持。普及设施设备不仅可以有效破解劳动力缺失的困境，还有助于社会化服务实现包括浇地在内的真正意义上的全程托管。二是针对玉米籽粒机收的薄弱环节，加快玉米密植高产绿色机械化生产技术研究与应用，从品种选育、种植模式和机械配套等方面综合集成创新，选育适应机械化播种、收获的品种，确定适应机械化作业的种植模式，促进玉米全程机械化生产。

(四) 优势玉米产业带建设工程

一是建设北方春玉米区。北方春玉米区包括黑龙江、吉林、辽宁、内蒙古、宁夏、甘肃、新疆七省（区）玉米种植区，河北、北京北部，陕西北部与山西中北部，以及太行山沿线玉米种植区。该区域干旱少雨对玉米生产的威胁很大。主攻方向是选育与推广耐旱、耐低温冷害、适度密植、适宜机械化收获、籽粒与青饲兼用型的稳产、高产、优质玉米品种；推广增密种植技术，促进玉米高产高效；推进全程机械化作业，攻关籽粒玉米收获技术；强化农田基本条件，推广旱作节水高产技术。在该区域，要重点加强中国黄金玉米带建设。中国黄金玉米带从黑龙江南部起，包括吉林省、内蒙古自治区东部地区，延伸到辽宁省北部，与同纬度的美国玉米带、乌克兰玉米带并称为世界三大黄金玉米带，是我国农田土壤最为肥沃的地区之一，是世界玉米高产区，也是近几年玉米种植面积扩展最大的地区。乌克兰玉米生产带土壤条件极佳，以有机质含量较高（3%~15%）的黑钙土为主。要严格落实《东北黑土地保护性耕作行动计划（2020—2025年）》，将产业带优质耕地以及建成的高标准粮田等优先划为永久基本粮田，为玉米戴上"保护罩"，确保优质粮田数量。

二是黄淮海夏玉米区。涉及黄河流域、海河流域和淮河流域，包括河南、山东、天津，河北、北京大部，山西、陕西中南部和江苏、安徽淮河以北区域，该区多为小麦—玉米两熟制。区内病虫草害与阶段性干旱对玉米生产威胁很大。主攻方向是研发推广耐密、优质、高产、多抗品种与栽培技术；根据市场需求，开展鲜食、青贮专用与籽粒青饲兼用品种的选育与推广；普及玉米适期晚收技术；玉米适当延迟10天左右收获，每亩可增加玉米产量15公斤；加强病虫草害综合防控。

三是西南玉米区。主要由重庆、四川、云南、贵州、广西及湖北、湖南西部的玉米种植区构成，是我国南方最为集中的玉米产区。区内近90%的土地为丘陵山地，玉米从平坝一直种到山巅，种植制度从一年一熟至一年多熟兼而有之，间作、套种、单种兼而有之。区内坡旱地比重大，土壤贫瘠，耕作粗放，灌溉设施差，是典型雨养农业区，季节性干旱突出，玉米单产低而不稳，但提升潜力较大。主攻方向有选育推广高产抗病抗倒青贮、青饲和籽粒青贮兼用新品种；大力推广防灾避灾旱作技术；强化病虫害综合防治，减轻灾害损失；强化农田地力建设，强化集雨设施建设，推广节水补灌技术；因地制宜地发展机械化生产，提高玉米机械化水平。

除此之外，探索设定面向国家粮食安全产业带的专项支持政策，引导玉米精深加工企业向玉米优势产业带集聚，延长产业链，打造粮食产业经济，稳固玉米优势产业带根基，为乡村振兴打下坚实基础，提高粮食产业国际核心竞争力。

（五）烘干设施工程

当前，我国玉米机械直收籽粒技术尚不成熟，籽粒收获破碎率高，如不及时烘干，一晚上就毒素超标。要想使籽粒直收技术广泛推广，普及后续烘干装备必不可少。目前，我国正处于工业化、城镇化快速发展时期，国家对土地调控强度逐步加大，烘干用地供需矛盾突出。多数新型经营主体在建设农产品收购站点、仓库、冷库等必备加工设施时，用地申请难度大，且审批手续复杂。加大土地整理投入，清理闲置土地，扩大用地来源。盘活破产、改制企业用地，鼓励开发荒滩、荒坡、荒地、荒山等未利用地，增加土地储备，优先满足烘干设施用地。同时，完善烘干设施购置补贴政策，支持加工企业、粮食经纪人等社会化服务主体投资建设烘干塔，以乡镇为单位利用村集体用地有序布局，解决玉米收后霉变问题，助力籽粒直收技术推广。

（六）"走出去"工程

我国玉米产不足需。一方面要通过贸易填补供需缺口，从长远看，每年约有20%左右的玉米需求通过进口来满足，进口量逐步达到5 000万吨。另一方面要支持企业走出去，通过租赁或者合作方式，增加国际市场玉米总供给量。纵观世界，日本耕地资源严重不足，为保障农产品供给，大力推动"海外屯田"战略。在过去一百多年，在海外屯地1.8亿亩，相当于国内耕地面积的3倍，这些土地遍及全球，涉及全世界半数以上的国家。为了解决自身的粮食安全问题，韩国也积极参与海外屯田。中国作为负责任的大国，以缓解世界饥饿问题为己任，立足"一带一路"倡议，以先进农业技术为先导，加强与农业资源丰富的发展中国家合作，引导企业更有效"走出去"，提高世界粮食的可获性，与我国形成优势互补、互通有无的良性贸易伙伴关系。尽快建设若干在国际上有影响力的千万吨级的大粮商和农业企业集团，把农业对外合作拓展到粮食仓储、码头及加工等领域。依托有效应对新冠肺炎疫情树立的中国威信，畅通国际贸易渠道，努力突破粮食资源国际流通的掣肘，增强话语权，保障国际粮食安全向着更加公平、公正的方向发展。

执笔人：崔奇峰、刘明月、陈　希、甘林针、普蕖喆、钟　钰
课题指导：陈萌山、袁龙江
时间：2021年5月

国家要给平衡区主销区粮食自给划定底线

【摘要】 近年来，不少省份粮食产消缺口在增加，过去的产销平衡区正在向销区滑落。遵循中央"共同承担起维护国家粮食安全的责任"的要求，在产销平衡区和主销区划定自给底线十分必要。测算发现，若平衡区以稻麦的口粮用途消费自给为底线，主销区以农村常住人口的稻麦口粮用途消费自给为底线，其实现自给有基础、有途径。一方面，要正确看待确保一定自给能力，以设定自给率激发遏止非粮化的内生动力；另一方面，将粮食生产纳入粮食安全党政同责考核范畴，发挥自给底线对粮食生产流通能力建设的中长期指导作用。

近年来，粮食主销区产消缺口在增加，过去的产销平衡区正在向销区滑落，滑落趋势正在加快、滑落程度不断加深。2020年，习近平总书记对全国春季农业生产工作作出重要指示，强调主产区、产销平衡区和主销区要"共同承担起维护国家粮食安全的责任"。2020年11月，《国务院办公厅关于防止耕地"非粮化"稳定粮食生产的意见》也指出，"产销平衡区和主销区要保持应有的自给率，确保粮食种植面积不减少、产能有提升、产量不下降"。确保粮食产销平衡区和主销区有一定的自给能力，对其自身粮食供应安全，缓解主产区经济社会生态压力，确保稳产保供可持续至关重要。

有地方反映，在粮食产销平衡区和主销区划定自给底线、甚至退地种粮存在较大难度，不具备现实可行性。通过测算发现，若平衡区以稻麦口粮用途的消费自给为底线，主销区以农村常住人口的稻麦口粮用途消费自给为底线，两区实现自给完全有基础、有途径。要正确看待让平衡区和主销区确保一定自给能力的含义，改变单纯依靠面积扩张的增产观念，充分发挥自给底线对粮食生产流通能力建设的中长期指导作用，推动产销平衡区和主销区稳步、有效提升粮食保供能力。

一、产销平衡区和主销区划定稻麦自给底线有必要

产销平衡区和主销区"共同承担起维护国家粮食安全的责任"，是应对粮食需求持续增加、分散粮食生产压力、弥补自身生产短板的必然要求。

粮食需求将持续增加。随着人口持续增长、城市化进程加快、消费转型升级，在2030年我国人口14.5亿峰值到来之前，粮食需求还会刚性增长。国务院发展研究中心预测，中国粮食需求总量2030年将达峰值，饲料粮达51 971万吨，口粮19 858万吨，合计食用粮食（不含豆油和豆制品）总量需求峰值达71 829万吨。中国农业科学院《中国农业展望报告（2020—2029）》预测，2029年国内稻米、小麦、玉米国内消费总量将比2020年分别增长1.4%、1.1%、1.7%。OECD和FAO的Agricultural Outlook报告也显示，2020—2029年大米、小麦和玉米需求将分别增长0.38%、0.95%和1.23%。总的看，尽管各类需求预测数值略有差异，但对

未来需求增长的判断趋势是一致的。

粮食生产集中度进一步加强，持续稳产压力大。从产量绝对量来看，主产区粮食产量占全国的比重一直维持在70%左右，且在逐渐提高，2020年主产区产量占比达到78.56%，比2003年的71%高7.56个百分点。从产量增长幅度来看，2020年全国粮食总产量比2003年增加23 879.78万吨，同时期主产区增产22 018.96万吨，这意味着，全国粮食增产中92.21%由主产区贡献。从全国看，13个粮食主产省份中，粮食净调出省已减少到6个，粮食生产集中度不断提高。此外，主产区抓粮吃亏问题突出，耕地质量、地下水利用、面源污染等资源环境硬约束不断收紧，给主产区持续稳产带来很大压力，也给区域粮食安全埋下隐患。

产销平衡区和主销区粮食综合生产能力弱。课题组近两年实地调查发现，平衡区和主销区中低产田比例高、土地细碎化程度高、农业机械化水平低。福建尤溪、建瓯中低产田比例分别高达70.0%、76.1%，云南全省粮食亩产500公斤以下的低产田占耕地面积近一半。福建建瓯30亩以上规模种植面积仅占8.4%，江门50亩以上规模种植面积仅占10.0%，2017年，福建水稻机种、机插、机收面积占总播种面积比例仅为25.0%、25.0%、76.2%，广东为17.7%、17.6%、91.5%，多低于全国47.5%、47.2%、88.5%的平均水平，更低于主产区57.5%、52.9%、91.9%的平均水平，这样的粮食综合生产能力，与主销区较高的经济发展水平很不匹配。2018年，课题组在平衡区调研了解到，贵州织金、云南宣威和宜良的粮食机械化率分别为15%、30%和52%，远低于全国粮食80%的平均水平。

二、产销平衡区和主销区实现稻麦口粮用途自给有可能

产销平衡区和主销区定位不同,粮食自给底线设定可以有差异。除北京、天津、上海、西藏、新疆另设底线外,平衡区应至少满足常住人口的稻麦直接用于口粮用途的消费自给,主销区应至少满足农村常住人口的稻麦直接用于口粮用途的消费自给。根据当前各省(市、区)的生产消费数据测算发现,平衡区已有2省可达到自给底线,主销区已有3省可达到自给底线,其余无法自给的省份均可以在不增加种植面积的基础上,依靠提升生产能力,守住甚至跨越自给底线。

在当前生产能力下,重庆、广西已实现常住人口稻麦口粮用途消费自给。在当前稻谷和小麦单产水平下,重庆稻麦产量总和比其稻麦口粮消费底线多63.89万吨,广西多320.04万吨,已经实现自给底线目标。其他非主产省份,在目前生产能力下,还无法实现本省稻麦用于常住人口口粮用途的自给。在粮食主销区中,海南缺口7.82万吨,福建缺口168.96万吨,浙江缺口365.29万吨,广东缺口609.51万吨。在产销平衡区中,宁夏缺口6.91万吨,云南缺口30.31万吨,青海缺口39.32万吨,甘肃缺口55.44万吨,贵州缺口61.86万吨,陕西缺口69.85万吨,山西缺口244.13万吨。

单产提至全国平均水平,不少平衡区、部分主销区可实现稻麦中用于常住人口口粮用途的自给。粮食产销平衡区和主销区粮食单产普遍低于全国平均水平,提升粮食综合生产能力有助于其实现自给目标。主销区中,海南、广东、福建的稻谷平均单产仅为

全国平均水平的78%、85%、92%；产销平衡区中，云南、贵州的稻谷单产仅为全国平均水平的39%、43%，宁夏、甘肃、陕西、青海、山西的小麦单产仅为全国平均水平的57%、67%、70%、70%、73%。若云南省的稻麦种植面积中有20%达到全国平均单产，可以实现省内常住人口稻麦口粮用途消费自给；海南、陕西、宁夏的稻麦种植面积中有40%达到全国平均单产，可以实现自给；贵州、甘肃的稻麦种植面积中有60%达到全国平均单产，可以实现自给。且在上述条件下，该六省不仅无需新增种植面积，还可以节约0.59%~9.29%的现有种植面积。

缺口相对较大的主销区，完全可以实现农村常住人口稻麦口粮用途自给。主销区中浙江、福建、广东三省还不能实现常住人口的稻麦口粮用途自给，可进一步聚焦到农村常住人口稻麦口粮用途保障。经测算，福建、广东完全能够保障自身农村常住人口的稻麦口粮用途消费自给，仅剩浙江还有32.01万吨缺口。将这一缺口折合为当前的稻谷种植面积，相当于需要新增5.53%的种植面积。若浙江省的稻麦种植面积中有40%达到全国平均单产，完全可以实现省内农村常住人口稻麦口粮用途消费自给，反过来还可节约2.42%的种植面积。

无法通过提升生产实现自给底线的省份，要持续夯实生产、强化流通保障。产销平衡区的山西、青海，稻麦口粮产需有缺口，短期还不能通过提升生产能力来弥补。即使省内全部稻麦种植面积单产都提升至全国平均水平，仍分别有125.97万吨、21.94万吨的需求缺口，相当于需要新增55.43%、54.47%的稻麦种植面积，这在现实有难度。对于这两个省，从短期看，应采取区别化的措施，通过强化粮食调剂调运能力，保障区域内粮食安全。从长期看，一方面要通过改善技术装备条件，提升粮食综合生产能力，发展特色粮食产业；另一方面要坚决遏制基本农田"非粮化"，保证粮食生产的基本载体不减少、不侵占。

三、提高产销平衡区和主销区实现稻麦口粮用途自给的建议

中央对产销平衡区和主销区粮食稳产保供的要求，自始至终是一贯的、明确的。"产销平衡区和主销区要保持应有的自给率"，是新时期中央进一步压实地方粮食安全责任的重要举措，也是地方自身应对各类新型风险挑战的必然要求。实现稻麦口粮用途的自给，一些产销平衡区和主销区有基础、有途径，需要强化观念认识和配套措施。

正确看待产销平衡区和主销区确保一定自给能力的含义。确保一定自给，是产销平衡区和主销区维护国家粮食安全的责任担当，也是粮食安全全国战略分工的重要组成。对产销平衡区和主销区自给的要求，不意味着生产经营退回到过去，更不意味着要退林种粮、退菜种粮，要改变过去增产只依靠增加面积的传统观念，要通过提升粮食综合生产能力稳定生产。对产销平衡区和主销区自给的要求，更不意味着全部自给、弱化流通，相反更要强调生产与流通相辅相成，通过建立更加高效迅捷的流通体系补足产需缺口。

以设定自给率激发产销平衡区和主销区遏止非粮化的内生动力。原有政策安排下，产销平衡区和主销区主要是按照中央要求保持一定的生产规模，压实粮食生产主要靠稳定基本农田、粮食生产功能区面积，动力较为不足。现在设定粮食自给目标，把自给率与生产挂钩，相当于用自身粮食的内在需要替代中央自上而下的生产要求，从"要我种粮"向"我要种粮"转变，将过去守

住粮田"利他"转变为"利己",有助于激发产销平衡区和主销区抓粮的内生动力,实现抓粮动力机制由外而内转变。地方基于自身粮食保供安全需要,根据自给需求倒推面积底线,通过稳住生产载体来守住自给底线,实现遏止耕地非粮化。

把粮食面积纳入粮食安全党政同责考核范畴。国家粮食安全保障战略既要总领全国、统筹全局,又要根据区域经济发展程度细化地方保障战略,明确粮食安全底线。将地方粮食产销平衡区和主销区口粮自给的目标,连同发展粮食生产的相应举措,纳入本地经济社会发展长期规划。在粮食安全党政同责考核范围内,纳入地方粮食播种面积指标,确保粮食生产载体不减少。严格督办地方政府抓粮完成进度,充分体现中央粮食生产政策的要求和方向。

加大支持产销平衡区和主销区提升粮食综合生产能力。抓好产销平衡区和主销区粮田机耕道建设、中低产田改造、作物统防统治,补齐高标准农田建设等短板,提升基本农田、粮食生产功能区基础设施水平,提升农机化率、提高规模经营和技术服务水平。加大品种研发力度,培育适合产销平衡区和主销区自然气候条件的特色品种,加快优质品种技术集成推广,缩小与主产区的产能差异。经济发达主销区,要充分利用经济和技术优势,开展技术攻关,加快高新技术与粮食生产过程融合,使粮食生产能力与经济发展水平同步增长。

发挥自给底线对粮食生产流通能力建设的中长期指导作用。设定稻麦中口粮用途的自给为底线,实质上是以目标为导向,对地方粮食生产流通能力提出了长期和动态要求。在当前生产能力下很难实现自给的省份,要根据自给目标,对生产和流通建设作出中长期规划。生产方面,中期加强农田基础设施建设、完善农业技术服务、发展社会化服务;长期加强作物育种、提升耕地质量、推出技术集成配套。流通方面，中期强化通道建设、加强产销协作、疏通流通堵点断点；长期监测粮食产需动态缺口、粮食流量流向、建立全国调度平台。

附件

产销平衡区和主销区稻麦口粮用途消费缺口及折合面积占比估算方法

第一，估算稻麦中口粮消费的数量。全国人均全年口粮消费数量来自《中国食物与营养发展纲要（2014—2020年）》，此纲要指出"到2020年，全国人均全年口粮消费135公斤"，所以以每人每年消费口粮135公斤作为计算标准。人口数量来自国家统计局2018—2020年年末常住人口数量的3年平均值。两者相乘，得到各省稻麦口粮需求总量。

第二，计算当前各省稻谷和小麦的生产能力。来自国家统计局各省稻谷和小麦产量的总和。由于2020年分省产量年度数据尚未公布，采用2019年各省的产量数据。

第三，不同生产能力下稻麦的潜在生产能力。绝大部分产销平衡区和主销区的稻麦单产低于全国平均水平，如果现有种植面积的单产可以提高到全国平均水平，则能够在不增加种植面积的前提下，提高粮食产量。在现实中，可以通过高标准农田建设、农技成片推广等措施，提升部分面积的生产水平。所以，假设提升生产能力按照现有种植面积中的一定比例逐层推进。例如，在某个产销平衡省或主销省，先选取现有种植面积中基础较好的20%，将其单产提高到全国平均水平，余下80%保持不变，由此可以计算出一个潜在产量水平。然后将高产面积占比从20%逐级提高到

100%,意味着生产能力逐渐提升,进而估算出不同能力水平下的潜在产量。

第四,不同生产能力下的稻麦口粮用途产需缺口。稻麦中用于口粮用途消费量,减去不同生产能力下的产量,差值为正的说明存在需求缺口,差值为负说明生产能力可以满足消费需要。结果见表1。

表1 不同生产能力下的稻麦口粮用途产需缺口估算(以常住人口为基数)

单位:万吨

地区		现有生产能力水平下	20%种植面积生产能力提升	40%种植面积生产能力提升	60%种植面积生产能力提升	80%种植面积生产能力提升	100%种植面积生产能力提升
主销区	浙江	365.29	342.27	319.25	296.24	273.22	250.20
	福建	168.96	162.11	155.26	148.41	141.55	134.70
	广东	609.51	571.26	533.02	494.77	456.53	418.29
	海南	7.82	0.69	-6.44	-13.57	-20.69	-27.82
产销平衡区	广西	-320.04	—	—	—	—	—
	重庆	-63.89	—	—	—	—	—
	贵州	61.86	33.27	4.69	-23.89	-52.48	-81.06
	云南	30.31	-4.35	-39.02	-73.68	-108.34	-143.01
	山西	244.13	220.50	196.87	173.23	149.60	125.97
	陕西	69.85	32.85	-4.15	-41.14	-78.14	-115.14
	甘肃	55.44	28.21	0.99	-26.24	-53.46	-80.69
	青海	39.32	35.84	32.37	28.89	25.42	21.94
	宁夏	6.91	3.11	-0.69	-4.49	-8.30	-12.10

注:表中正值表示在一定的生产能力下存在需求缺口、产不足需,负值表示产量可以满足消费需求;生产能力提升是指单产达到全国平均水平;主销区中的北京、天津、上海和产销平衡区的西藏、新疆具有特殊性,在此不做计算。

第五,将稻麦中用于口粮用途的产需缺口折算为新增(或节约)面积。得到稻麦口粮用途产需缺口后,根据单产折算为相应的种植面积。这里以各省稻谷和小麦中的优势品种为折算依据。例如,云南省的稻麦生产中,稻谷面积最大,以稻谷现有单产进行折算,得到所需要新增(或节约)的面积。将所需新增(或节约)的面积除以现有稻麦总面积,可以得到增加(减少)比例。结果见表2。

表2 稻麦口粮用途产需缺口折算为新增(节约)面积占比(以常住人口为基数)

地区		现有生产能力水平	20%种植面积生产能力提升	40%种植面积生产能力提升	60%种植面积生产能力提升	80%种植面积生产能力提升	100%种植面积生产能力提升
主销区	浙江	69.85%	65.45%	61.05%	56.65%	52.25%	47.85%
	福建	43.45%	41.69%	39.93%	38.16%	36.40%	34.64%
	广东	56.68%	53.13%	49.57%	46.01%	42.46%	38.90%
	海南	6.19%	0.55%	-5.09%	-10.72%	-16.36%	-22.00%
产销平衡区	广西	—	—	—	—	—	—
	重庆	—	—	—	—	—	—
	贵州	12.10%	6.51%	0.92%	-4.67%	-10.26%	-15.85%
	云南	4.08%	-0.59%	-5.25%	-9.92%	-14.59%	-19.25%
	山西	107.42%	97.03%	86.63%	76.23%	65.83%	55.43%
	陕西	16.49%	7.75%	-0.98%	-9.71%	-18.44%	-27.17%
	甘肃	19.63%	9.99%	0.35%	-9.29%	-18.93%	-28.56%
	青海	97.58%	88.96%	80.33%	71.71%	63.09%	54.47%
	宁夏	4.86%	2.19%	-0.48%	-3.16%	-5.83%	-8.50%

注:表中的正值表示在一定生产能力水平下、为了弥补供需缺口,需要在现有稻麦种植面积基础上增加种植的比例,反之,负值表示满足供需缺口可以节约的种植面积占比;生产能力提升是指单产达到全国平均水平;主销区中的北京、天津、上海和产销平衡区的西藏、新疆具有特殊性,在此不做计算。

第六,对于主销区省份,可以进一步将自给底线设定为满足农村常住人口的稻麦口粮用途消费。在计算主销省份农村常住人口稻麦口粮用途消费量时,每人每年消费口粮数量沿用135公斤作为计算标准。人口数量来自各省统计年鉴2017—2019年年末农村常住人口数量的三年平均值。其余计算方法如前步骤,可以得到4个主销省的产需缺口(表3),折合为新增(节约)种植面积(表4)。

表3　不同生产能力下的稻麦口粮用途产需缺口估算（以农村常住人口为基数）

单位：万吨

地区		现有生产能力水平下	20%种植面积生产能力提升	40%种植面积生产能力提升	60%种植面积生产能力提升	80%种植面积生产能力提升	100%种植面积生产能力提升
主销区	浙江	32.01	8.99	-14.02	-37.04	-60.06	-83.07
	福建	-206.30	-213.15	-220.00	-226.85	-233.70	-240.55
	广东	-625.79	-664.04	-702.28	-740.53	-778.77	-817.02
	海南	-51.09	-58.22	-65.35	-72.48	-79.61	-86.74

注：表中正值表示在一定的生产能力下存在需求缺口、产不足需，反之负值表示产量可以满足消费需求；生产能力提升是指单产达到全国平均水平；主销区中的北京、天津、上海具有特殊性，在此不做计算。

表4　稻麦口粮用途产需缺口折算为新增（节约）面积占比（以农村常住人口为基数）

地区		现有生产能力水平	20%种植面积生产能力提升	40%种植面积生产能力提升	60%种植面积生产能力提升	80%种植面积生产能力提升	100%种植面积生产能力提升
主销区	浙江	5.53%	1.55%	-2.42%	-6.40%	-10.37%	-14.34%
	福建	-50.48%	-52.16%	-53.84%	-55.51%	-57.19%	-58.87%
	广东	-54.54%	-57.88%	-61.21%	-64.54%	-67.88%	-71.21%
	海南	-40.39%	-46.02%	-51.66%	-57.30%	-62.93%	-68.57%

注：表中的正值表示在一定生产能力水平下、为了弥补供需缺口，需要在现有稻麦种植面积基础上增加种植的比例，反之，负值表示满足供需缺口可以节约的种植面积占比；生产能力提升是指单产达到全国平均水平；主销区中的北京、天津、上海具有特殊性，在此不做计算。

执笔人：普蓂喆、钟　钰、牛坤玉、陈　希

课题指导：陈萌山、袁龙江

时间：2021年8月

关于近期粮食进口的思考与未来建议

2021年中国粮食进口规模创纪录增长，1—9月进口12 827万吨，同比增长25.68%，再次引发社会关注，中国粮食安全是否有保障，进口是否会冲击国内粮食产业？通过分析进口粮食趋势和走向可以看到，**2021年粮食进口增加是在国家政策调控下的有序进口，既有品种调剂之需，也有弥补缺口之求，还有政府调控主动作为。**进口多一点、少一点不是判断贸易冲击与否的标志，而应看进口是无序还是有序。在"双循环"新发展格局下，要推动政策从"主要控制进口"向"有效利用国际市场"转变，也要持续关注进口突增可能带来的"大国效应"，进一步平衡利用好"两个市场"。

一、从哪儿来：2021年1—9月粮食进口现状

三大主粮进口总量创新高，进口节奏加快，尤以玉米进口为核心拉力。一季度以后，口粮进口节奏逐渐回调。进口来源地分布上，除稻谷大米外，玉米、小麦和大豆进口均向美国集中。但从美国粮食历史进口集中度来看，除玉米创新高外，其他品种的集中度仍在历史值范围内。

三大主粮进口总量同比增长较快，玉米最为突出。 2021年1—9月，粮食进口总量达12 827万吨，创历史之最，比2020年同期还要增加2 621万吨（表1）。其中，稻谷大米进口358万吨，同比增加190万吨，增幅113.10%；小麦进口759万吨，同比增加153万吨，增幅25.25%；玉米进口2 493万吨，同比增加1 826万吨，增幅273.76%；大豆进口7 397万吨，同比减少56万吨，减少0.75%。拉动进口大幅增加的主要品种是玉米，在同比增加的2 621万吨进口中，玉米占比高达69.7%。小麦和稻谷大米的进口增幅较大，但由于进口体量本身不大，在整个粮食进口增量中的比重较小，分别为5.84%、7.25%（详见附件表A-1至A-4）。

表1 2020年、2021年1—9月粮食进口增量情况

品种	进口量/万吨		增量/万吨	增幅
	2020年1—9月	2021年1—9月		
粮食总体	10 206	12 827	2 621	25.68%
稻谷大米	168	358	190	113.10%
小麦	606	759	153	25.25%
玉米	667	2 493	1 826	273.76%
大豆	7 453	7 397	-56	-0.75%

数据来源：海关总署统计月报。

三大主粮进口节奏加快，口粮进口高峰前移，玉米各月进口同比大幅攀升。 从分月进口数据可见，稻谷大米、小麦进口峰值相较2020年提前（图1）。2020年前9个月中，稻谷大米进口高峰为3月、6月，小麦集中在5—9月；2021年稻谷大米提前到1月、3月，2021年仅第1季度进口量就超过2020年1—7月的累计进口量；小麦提前到1—2月，前2个月的进口量超过2020年1—5月的累计进口量。玉米每月进口数量均显著高于2020年，2021年前

9个月中有8个月同比增幅在200%以上，仅1月进口量就超过2020年1—5月的累计进口量。大豆的进口节奏与2020年相比没有明显变化。但要注意到从第1季度后，两大口粮进口节奏逐渐平缓，数量趋于2020年同期水平。口粮进口节奏的变化，可能与玉米供求关系有一定关系。玉米进口增加引发市场趋紧预期，辐射到其他品种，导致进口同步增加。但由于口粮国内供给充足，后期市场回归理性。

进口集中度提高，玉米、小麦和大豆进口均向美国集中。玉米前两大进口来源国为美国、乌克兰，2021年前9个月，两国进口合计占进口总量的99.65%，比2020年同期增加3.09个百分点（表2）。其中，**美国玉米占70.67%**，同比增加**48.09个百分点**，跃居第一大玉米进口来源国；乌克兰占比28.98%，同比下降44.99个百分点。小麦前三大进口来源国为加拿大、美国、澳大利亚，2021年前9个月，三国进口合计占进口总量的87.64%，比2020年同期增加22.65个百分点。其中，**美国小麦占30.52%**，同比增加**15.58个百分点**，增幅最大；加拿大其次，占比为32.34%，增加2.98个百分点；澳大利亚占比24.78%，增加4.09个百分点。大豆进口主要来自巴西、美国，2021年前9个月，两国进口合计占进口总量的96.72%，比2020年同期增加7.18个百分点。巴西大豆仍是主导，占66.92%，比2020年同期减少8.39个百分点；**但美国大豆占比在提高，为29.80%**，同比增加**15.56个百分点**。2021年前9个月稻谷大米前五大进口来源国越南、巴基斯坦、印度、缅甸、泰国合计占比91.15%，其中越南、巴基斯坦、缅甸、印度份额均为20%左右，各国份额分布比2020年更加分散（附件表A-5至表A-8）。美国进口粮食的份额比重在增加，但除了玉米以外，其他品种从历史的角度来看仍比较正常。美国小麦份额曾在2017年达36.20%，大豆份额同年达34.39%，2021年这两类

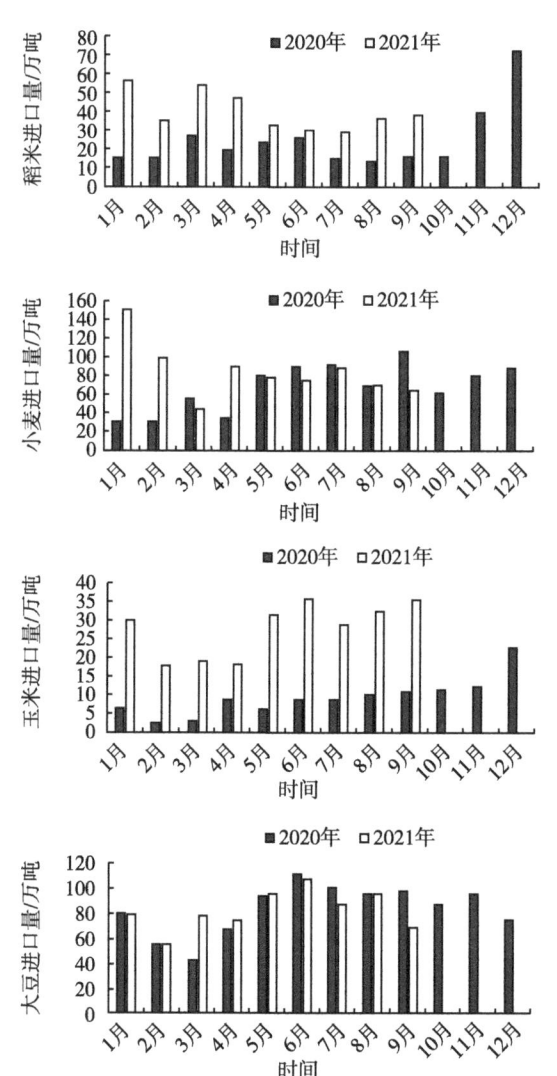

图 1 2020 年 1 月至 2021 年 9 月稻谷大米、小麦、玉米、大豆进口量

注：2021 年进口量无 10—12 月数据。

[数据来源：稻谷大米数据来自海关总署统计月报；小麦、玉米、大豆数据来自布瑞克农业数据库（根据海关数据整理）]

品种的集中度低于这两个历史高值（附件图A-1、表A-14）。

表2 2020年、2021年1—9月粮食进口主要来源分布及占比

品种	进口来源国	2020年1—9月占比	2021年1—9月占比
稻谷大米	越南	33.85%	21.24%
	巴基斯坦	11.41%	20.25%
	印度	0.01%	20.00%
	缅甸	29.97%	19.55%
	泰国	10.83%	10.11%
小麦	加拿大	29.36%	32.34%
	美国	14.94%	30.52%
	澳大利亚	20.69%	24.78%
玉米	美国	22.58%	70.67%
	乌克兰	73.98%	28.98%
大豆	巴西	75.30%	66.92%
	美国	14.24%	29.80%
	阿根廷	8.07%	2.06%

数据来源：稻谷大米数据来自海关总署在线信息查询平台；小麦、玉米、大豆数据来自布瑞克农业数据库（根据海关数据整理）。

二、往哪儿去：2021年1—9月粮食进口去向

进口粮食主要流向各大粮食加工区，与粮食加工布局基本一致。此外，也要注意到政府打击稻谷大米走私、执行中美第一阶段经贸协定、进口玉米补充库存等措施，也在一定程度上导致粮食进口增加。

稻谷大米进口主要集中于南方稻谷加工产业区。 2021年稻谷大米进口增加呈现各区域同步增加的态势，并非某一地区激增拉动所致。1—9月，除了西北地区以外，其他地区稻谷大米进口量在增加，华南增加约93万吨，华北增加约42万吨，华东增加约38

万吨。从增幅来看,华南、华北增幅均在100%以上,华南增幅98.49%,西南进口增幅67.35%。绝对量上看,稻谷大米进口近一半分布在华南地区,华南、华东、华北进口稻谷大米占比分别为48.75%、21.61%、17.52%,和2020年没有明显差异(表3,详细数据见附件表A-9)。**进口分布与南方稻谷加工产业区高度重合**,说明进口稻谷大米仍主要进入传统加工渠道。也有分析认为,**政府加大走私打击力度,使一部分"灰色"稻谷转从进口"正轨"渠道流入国内**,导致进口统计数字增加,并非供求形势实质性改变。

表3 各地区稻谷大米进口增量及分布情况

地区	进口同比增量/吨	进口分布占比		企业生产能力/万吨
		2020年1—9月	2021年1—9月	2018年
华东	384 241.57	23.26%	21.61%	12 722.9
华南	929 452.92	48.74%	48.75%	1 374.5
华北	418 353.24	12.49%	17.52%	472.2
华中	70 707.36	6.48%	5.01%	9 260.4
西南	97 329.69	8.61%	6.75%	2 112.7
西北	-449.00	0.04%	0.01%	437.8
东北	6 402.46	0.38%	0.36%	10 517.8

注：稻谷大米数据，由海关HS编码商品类别中的1006、11029021、11029029、11031931、11031939五类产品加总构成。

小麦进口以华北地区为主,稳定流向中东部、西部小麦加工区。从进口绝对量来看,2021年华北比2020年增加约167万吨,西北增加约6.1万吨,华东增加约0.7万吨。其他地区有减少,华南减少约3.6万吨,东北减少约0.95万吨,华中减少约0.79万吨,西南减少约0.15万吨。但从各地区进口占比来看,进口布局没有明显变化。2021年1—9月华北进口小麦总量占比89.56%，华南和华东分别为4.18%、3.81%；2020年同期华北进口量占比为86.77%，华南和华东分别为6.00%、4.79%（表4，详细数据见附件表A-10）。**进口流向传统加工产业区**，2021年进口增幅居前的华北、华东地区，位于中东部小麦加工产业区，该区域以高筋粉、中筋粉产品为主；进口增幅第二的西北地区，位于**西部小麦加工产业区**，以高筋粉产品为主。

表4 各地区小麦进口增量及分布情况

地区	进口同比增量/吨	进口分布占比		企业生产能力/万吨
		2020年1—9月	2021年1—9月	2018年
华东	7 353.51	4.79%	3.81%	8 388.9
华南	-36 080.87	6.00%	4.18%	517.7
华北	1 672 388.71	86.77%	89.56%	2 698.7
华中	-7 888.40	0.93%	0.62%	5 737.6
西南	-1 490.08	0.04%	0.01%	329.3
西北	60 835.50	1.22%	1.76%	1 643.0
东北	-9 525.59	0.25%	0.06%	347.7

玉米进口集中在华北、华东，各地区进口量同比增幅都较大，但要注意到政府进口玉米补充库存对进口的拉动。2021年1—9月华北玉米进口量占比71.64%，华东15.82%，合计占到进口总量的87.46%。进口分布与"十二五"期间国家开始的华北和中部玉米加工产业区完全重合，说明玉米也主要是满足加工高消费需要。具体来看，华北比2020年同期增加约1 446万吨，是唯一进口增量超过1 000万吨的地区，达到约1 760万吨。其次是华东和华南地区，进口量同比增幅分别为约136万吨、126万吨。剩下华中、西北、西南和东北地区的增幅约为58万吨、10.1万吨、9.8万吨

和 3.1 万吨。从进口流向聚集程度来看，2020 年同期华北和华东进口玉米占比靠前，分别为 47.08% 和 37.81%，华南占 8.53%（表 5，详细数据见附件表 A-11）。玉米进口增加不能忽略政府调节作用。2016 年开始的玉米收储制度改革，伴随较大幅度去库存，导致 2020 年年底至 2021 年年初临储库存清零，给市场较大的短缺预期、价格大幅上涨。在此背景下，玉米增发配额进口 2 000 万吨，大部分进入库存，有效稳定了市场预期。这意味着，2021 年玉米进口中有一部分是政府主动为之，通过进口实现并非不可控。

表 5 各地区玉米进口增量及分布情况

地区	进口同比增量/吨	各地区进口分布占比		企业生产能力/万吨
		2020 年 1—9 月	2021 年 1—9 月	2018 年
华东	1 361 412.02	37.81%	15.82%	464.3
华南	1 258 799.42	8.53%	7.44%	28.5
华北	14 455 083.43	47.08%	71.64%	197.0
华中	582 828.30	3.89%	3.43%	236.6
西南	98 226.19	0.32%	0.49%	89.3
西北	101 373.50	0.00%	0.41%	166.1
东北	31 271.10	2.37%	0.77%	670.9

大豆进口各地区增减基本平衡，流向布局也与 2020 年相近。2021 年 1—9 月，华北大豆进口同比增量最大，为 307 万吨，其次是东北、西南和华中，分别增加 28 万吨、22.4 万吨和 21.6 万吨。**华北地区大豆进口增加，与生猪产能恢复较多相关**，目前华北生猪产能已超过 2017 年 10%。减少的地区为华东、华南和西北，分别减少 295 万吨、126 万吨和 20 万吨。从各区进口量占比来看，仍然主要集中在华东、华北，2021 年前 9 个月占比分别为 44.75%、30.43%，合计占进口总量的 75.18%；2020 年同期华东、

华北地区的占比分别为 48.34%、26.07%，合计占比为 74.41%。注意到，这两个主要流入地中，华北地区的流入量比 2020 年吃重（表 6，详细数据见附件表 A-12）。

表 6　各地区大豆进口增量及分布情况

地区	进口同比增量/吨	进口分布占比	
		2020 年 1—9 月	2021 年 1—9 月
华东	-2 945 549.72	48.34%	44.75%
华南	-1 256 590.30	10.63%	9.02%
华北	3 070 045.00	26.07%	30.43%
华中	215 507.09	3.94%	4.27%
西南	224 236.38	2.66%	2.98%
西北	-199 321.02	1.33%	1.07%
东北	282 072.68	7.04%	7.48%

三、如何看待未来我国粮食进口

2021 年粮食进口增加较快，一些观点认为大量进口冲击国内食物供需平衡、加深国际市场风险传导，须警惕和防范。通过分析进口数量、来源、去向和相关政策，笔者认为 2021 年粮食进口增加是在国家政策调控下的有序进口，未对国内市场造成冲击。一方面要推动政策从"主要控制进口"向"有效利用国际市场"转变；另一方面也要持续关注进口突增可能带来的"大国效应"，进一步平衡利用好"两个市场"。

此轮进口增加是市场供求变化的自然反映，也包括政府利用国际市场调节国内供需、稳定市场预期的主动作为。2021 年玉米产需关系趋紧，尤其在临储库存清零的背景下，加剧了供给偏紧预期，对进口玉米需求增加。在供求趋紧预期、品种间比价关系作用下，其他品种进口短期增加，但后期逐渐回归理性，这是市场机制下需求主体的正常反应。政府主动增加进口补充库存，是在国际市场相对有利时的主动作为，有力发挥了稳定预期作用。玉米进口多且集中在美国，是中美贸易摩擦背景下谈判的结果，是落实贸易承诺的主动选择。

此轮进口增加是国家政策调控下的有序进口，并未冲击国内粮食产业。 进口多一点、少一点不是判断贸易冲击与否的标志，而应看进口是有序还是无序。在2021年粮食进口量虽大，但依然有序，**没有冲击粮食产业正常运行，没有引发库存规模高企，更没有影响种粮积极性。** 增加进口是国内粮食经营主体的理性选择，是应对市场供需形势变化的结果。与其形成对比的是2015年我国食糖进口激增，当年进口量达484.6万吨，糖企亏损面近70%，45家糖厂关停，近1万员工失业，蔗农饱受冲击。但也要注意密切观察粮食生产、库存、流通、加工等指标变化，及时调控无序进口苗头，防止进口从有序变为无序，避免可能带来的产业冲击。

要推动粮食进口调控政策从"主要控制进口"向"有效利用国际市场"转变。 不能简单从粮食进口增加与否作出判断，进口和出口本身只是过程，进出口协调配合实现资源和市场的有效利用才重要。在我国农业资源环境约束趋紧的情况下，要更加有效利用国际市场，通过进口弥补供需缺口。也要密切关注国际粮食市场供给状况、价格走势，加强监测贸易风险、自然风险、要素供给风险，在国际价格低、供给宽裕时适度进口，切实提高进口效率。强化粮食供应链韧性，积极参与国际运输航道治理。

要关注进口"大国效应"给利用国际市场、国际资源带来的风险点。 我国农产品消费和进口体量巨大，国内产需缺口往往引起国际高度关注，易连带影响产生"大国效应"，引起国际市场价格联动上涨。农产品进口增加是经济全球化背景下,市场结构优化的必然产物,要站在全球贸易自由化高度看中国粮食进口问题,关注"大国效应"影响,合理利用国际资源。我国粮食进口要充分考虑世界短期供给能力,提前给予世界一个明确的信号或合理稳定的进口需求预期,安排好进口节奏,避免集中大量进口。

附件

一、进口总量

1. 稻谷大米

2020年1月至2021年9月,稻谷大米进口量整体呈现波动上升的趋势,从2020年1月进口量15万吨,到2021年9月进口量为38万吨。其中在2020年3月、2020年11月、12月和2021年3月出现了3次幅度较大的上涨,环比涨幅均超过50%。2021年1—9月与2020年同期相比,进口量均增加,除2021年5月、6月相比于2020年同期增幅低于50%外,其余月份增幅均超过90%,其中2021年1月与2020年同期相比增幅高达273.33%。以上数据详见表A-1。

表A-1 中国稻谷大米进口量

时间	稻谷大米进口量/吨	环比增长率	时间	稻谷大米进口量/吨	环比增长率	同比增长率
2020年1月	150 000		2021年1月	560 000	-22.22%	273.33%
2020年2月	150 000	0.00%	2021年2月	350 000	-37.50%	133.33%
2020年3月	270 000	80.00%	2021年3月	540 000	54.29%	100.00%
2020年4月	190 000	-29.63%	2021年4月	470 000	-12.96%	147.37%

(续表)

时间	稻谷大米进口量/吨	环比增长率	时间	稻谷大米进口量/吨	环比增长率	同比增长率
2020年5月	230 000	21.05%	2021年5月	330 000	-29.79%	43.48%
2020年6月	260 000	13.04%	2021年6月	300 000	-9.09%	15.38%
2020年7月	150 000	-42.31%	2021年7月	290 000	-3.33%	93.33%
2020年8月	130 000	-13.33%	2021年8月	360 000	24.14%	176.92%
2020年9月	160 000	23.08%	2021年9月	380 000	5.56%	137.50%
2020年10月	160 000	0.00%				
2020年11月	390 000	143.75%				
2020年12月	720 000	84.62%				
2020年1—9月	1 690 000		2021年1—9月	3 580 000		111.83%
2020年	2 960 000					

2. 小麦

2020年1月至2021年9月，小麦进口量整体呈现波动上升的趋势，从2020年1月进口量约30.9万吨，到2021年9月进口量为约63.7万吨。其中在2020年5月、2021年4月出现了两次幅度较大的上涨，环比涨幅均超过100%。2021年1—9月与2020年同期相比，进口量整体增加，3月、5—7月、9月与2020年同期相比有所下降，但1月、2月、4月与2020年同期相比大幅上涨，涨幅超过150%。以上数据详见表A-2。

表A-2 中国小麦进口量

时间	小麦进口量/吨	环比增长率	时间	小麦进口量/吨	环比增长率	同比增长率
2020年1月	308 791		2021年1月	1 492 070	70.40%	383.20%
2020年2月	311 306	0.81%	2021年2月	981 414	-34.22%	215.26%

(续表)

时间	小麦进口量/吨	环比增长率	时间	小麦进口量/吨	环比增长率	同比增长率
2020年3月	555 536	78.45%	2021年3月	438 774	-55.29%	-21.02%
2020年4月	338 157	-39.13%	2021年4月	894 800	103.93%	164.61%
2020年5月	794 944	135.08%	2021年5月	784 813	-12.29%	-1.27%
2020年6月	893 696	12.42%	2021年6月	751 576	-4.24%	-15.90%
2020年7月	915 108	2.40%	2021年7月	882 294	17.39%	-3.59%
2020年8月	686 287	-25.00%	2021年8月	704 767	-20.12%	2.69%
2020年9月	1 053 770	53.55%	2021年9月	636 532	-9.68%	-39.59%
2020年10月	617 618	-41.39%				
2020年11月	800 732	29.65%				
2020年12月	875 621	9.35%				
2020年1—9月	5 857 595		2021年1—9月	7 567 040		29.18%
2020年	8 151 566					

3. 玉米

2020年1月至2021年9月，玉米进口量整体呈现波动上升的趋势，从2020年1月进口量约66.1万吨，到2021年9月进口量为约353.4万吨。其中在2020年4月、2020年12月、2021年5月出现了3次幅度较大的上涨，环比涨幅均超过70%。2021年1—9月与2020年同期相比，进口量均大幅增加，同比增长率均超过100%，其中2月、3月同比增长率超过500%。以上数据详见表A-3。

表 A-3 中国玉米进口量

时间	玉米进口量/吨	环比增长率	时间	玉米进口量/吨	环比增长率	同比增长率
2020年1月	661 003		2021年1月	3 013 900	33.71%	355.96%
2020年2月	271 243	-58.96%	2021年2月	1 780 460	-40.93%	556.41%
2020年3月	318 406	17.39%	2021年3月	1 930 830	8.45%	506.41%
2020年4月	886 972	178.57%	2021年4月	1 849 730	-4.20%	108.54%
2020年5月	636 904	-28.19%	2021年5月	3 154 390	70.53%	395.27%
2020年6月	881 591	38.42%	2021年6月	3 570 610	13.19%	305.02%
2020年7月	913 056	3.57%	2021年7月	2 862 370	-19.84%	213.49%
2020年8月	1 022 120	11.94%	2021年8月	3 234 380	13.00%	216.44%
2020年9月	1 080 990	5.76%	2021年9月	3 533 770	9.26%	226.90%
2020年10月	1 141 500	5.60%				
2020年11月	1 226 010	7.40%				
2020年12月	2 254 140	83.86%				
2020年1—9月	6 672 285		2021年1—9月	24 930 440		273.642%
2020年	11 293 935					

4. 大豆

2020年1月至2021年9月，大豆进口量整体在800万吨附近波动。2020年1月进口量约800.9万吨，2021年9月进口量为约687.6万吨，月度最高进口量为约1 116.0万吨（2020年6月），最低进口量约427.8万吨（2020年3月）。其中在2020年4—6月出现了进口量三连增，其他月份连增或连降情况不连续超过两个月。2021年1—9月与2020年同期相比，进口量整体增长率为负，月度最高同比增长率为81.59%（2021年3月），最低为-29.76%（2021年9月），其余月份的同比增长率大多在0附近。以上数据详见表A-4。

表 A-4 中国大豆进口量

时间	大豆进口量/吨	环比增长率	时间	大豆进口量/吨	环比增长率	同比增长率
2020年1月	8 009 350		2021年1月	7 845 620	4.28%	-2.04%
2020年2月	5 504 990	-31.27%	2021年2月	5 561 260	-29.12%	1.02%
2020年3月	4 277 780	-22.29%	2021年3月	7 767 970	39.68%	81.59%
2020年4月	6 714 460	56.96%	2021年4月	7 446 620	-4.14%	10.90%
2020年5月	9 376 880	39.65%	2021年5月	9 606 260	29.00%	2.45%
2020年6月	11 160 200	19.02%	2021年6月	10 722 400	11.62%	-3.92%
2020年7月	10 091 400	-9.58%	2021年7月	8 673 060	-19.11%	-14.05%
2020年8月	9 604 490	-4.82%	2021年8月	9 487 700	9.39%	-1.22%
2020年9月	9 789 160	1.92%	2021年9月	6 876 350	-27.52%	-29.76%
2020年10月	8 688 440	-11.24%	10月	511		
2020年11月	9 586 490	10.34%	11月	857		
2020年12月	7 523 660	-21.52%				
2020年1—9月	74 528 710		2021年1—9月	73 987 240		-0.73%
2020年	100 327 300					

综合来看，稻谷大米、小麦、玉米的进口量波动增加，大豆进口量围绕800万吨波动。2020年1—9月与2021年1—9月相比，稻谷大米和玉米进口量显著增加；小麦2021年1月、2月、4月进口量与2020年同期相比显著增加，其余月份与2020年同期相比减少或增幅不大；大豆2021年3月、4月进口量与2020年同期相比显著增加，其余月份与2020年同期相比减少或增幅不大。

二、进口来源

1. 稻谷大米

2020年1月至2021年9月,中国稻谷大米进口主要来源国或地区是越南、巴基斯坦、印度、缅甸、泰国。2021年1—9月,越南、巴基斯坦、印度、缅甸四国分别占据中国稻谷大米进口市场的20%左右。其中与2020年同期相比,缅甸和越南的市场占有率有所下降,缅甸从2020年1—9月的29.97%降到19.55%,越南从2020年1—9月的33.85%降到21.24%;巴基斯坦的市场占有率提高近9个百分点,印度的市场占有率提高近20个百分点,从印度的进口量与2020年相比大幅增加,2020年1—9月和2020年全年从印度的稻谷大米进口量不足进口总量的1%。泰国的市场占有率在10%左右,但2021年1—9月与2020年同期相比略有下降。以上数据详见表A-5。

表 A-5 稻谷大米进口主要来源国与占比

来源国	2021年1—9月		2020年1—9月		2020年1—12月	
	占比	累积占比	占比	累积占比	占比	累积占比
越南	21.24%	21.24%	33.85%	33.85%	27.06%	27.06%
巴基斯坦	20.25%	41.49%	11.41%	45.26%	16.31%	43.37%
印度	20.00%	61.49%	0.01%	45.27%	0.13%	43.50%
缅甸	19.55%	81.04%	29.97%	75.24%	31.28%	74.78%
泰国	10.11%	91.15%	10.83%	86.06%	11.15%	85.94%

2. 小麦

2020年1月至2021年9月,中国小麦进口主要来源国是加拿大、美国、澳大利亚、俄罗斯。2021年1—9月,加拿大、美国、澳大利亚三国的市场累积市场占有率为87.64%，三国市场占有率与2020年同期相比均有所增加，其中，美国市场占有率增长超过14个百分点，加拿大市场占有率增长约3个百分点，澳大利亚市场占有率增长近4个百分点。以上数据详见表A-6。

表A-6 小麦进口主要来源国与占比

来源国	2021年1—9月		2020年1—9月		2020年1—12月	
	占比	累积占比	占比	累积占比	占比	累积占比
加拿大	32.34%	32.34%	29.36%	29.36%	28.18%	28.18%
美国	30.52%	62.87%	14.94%	44.30%	20.26%	48.44%
澳大利亚	24.78%	87.64%	20.69%	64.99%	14.99%	63.43%
俄罗斯	0.62%	88.26%	0.55%	65.54%	0.88%	64.31%
墨西哥	0.00%	88.26%	0.00%	65.54%	0.00%	64.31%

3. 玉米

2020年1月至2021年9月，中国玉米进口主要来源国是美国、乌克兰、俄罗斯。2021年1—9月，美国和乌克兰占据了中国玉米进口市场的99.65%，其中，美国市场份额占70.67%，相比2020年同期上涨近48个百分点；乌克兰市场份额28.98%，相比2020年同期下降约45个百分点。以上数据详见表A-7。

表A-7 玉米进口主要来源国与占比

来源国	2021年1—9月		2020年1—9月		2020年1—12月	
	占比	累积占比	占比	累积占比	占比	累积占比
美国	70.67%	70.67%	22.58%	22.58%	38.44%	38.44%
乌克兰	28.98%	99.65%	73.98%	96.55%	55.76%	94.21%
俄罗斯	0.33%	99.98%	1.43%	97.98%	1.22%	95.43%
缅甸	0.02%	100.00%	0.05%	98.03%	1.07%	96.50%
智利	0.00%	100.00%	0.00%	98.03%	0.00%	96.50%

4. 大豆

2020年1月至2021年9月，中国大豆进口主要来源国是巴西、美国、阿根廷，2021年1—9月，巴西、美国占据了中国大豆进口市场的96.72%，其中，巴西的市场份额为66.92%，与2020年同期相比下降近10个百分点；美国市场份额29.80%，与2020年同期相比上涨超过15个百分点。阿根廷在中国大豆进口市场的份额萎缩，2021年1—9月市场占比为2.06%，相比2020年同期下降超过6个百分点。以上数据详见表A-8。

表A-8 大豆进口主要来源国与占比

来源国	2021年1—9月		2020年1—9月		2020年1—12月	
	占比	累积占比	占比	累积占比	占比	累积占比
巴西	66.92%	66.92%	75.30%	75.30%	64.07%	64.07%
美国	29.80%	96.72%	14.24%	89.54%	25.80%	89.87%
阿根廷	2.06%	98.78%	8.07%	97.61%	7.43%	97.30%
俄罗斯	0.61%	99.38%	0.76%	98.37%	0.69%	97.99%
加拿大	0.53%	99.92%	0.18%	98.55%	0.24%	98.24%

三、进口省份分布

1. 稻谷大米

31个省区市中，有8个省区在2020年1—9月和2021年1—9月都没有进口稻谷大米。其余省份中，稻谷大米进口量位列前三的省市是广东、北京、福建，稻谷大米进口增长率较快的省市有辽宁、四川、北京，与2020年同期相比，增长率均超过200%。有3个省市的稻谷大米进口量同比下降，分别是甘肃、湖南、天津。以上数据详见表A-9。

表 A-9　稻谷大米进口省份分布　　　　　　　　　　　　　　单位：吨

地区	进口量 2020年1—9月	进口量 2021年1—9月	地区	进口量 2020年1—9月	进口量 2021年1—9月
山东	4 822.12	8 829.06	湖北	25 823.90	82 340.35
江苏	43 640.01	93 324.00	华中地区	108 728.74	179 436.10
安徽	65 279.51	124 954.73	四川	2 103.30	8 786.00
上海	36 232.03	59 342.61	贵州	0.00	800.00
浙江	68 877.57	84 496.71	云南	129 033.37	216 233.37
江西	35 001.18	67 128.88	西藏	0.00	0.00
福建	136 292.12	336 310.13	重庆	13 376.01	16 023.00
华东地区	390 144.55	774 386.12	西南地区	144 512.68	241 842.38
广东	799 856.38	1 711 339.53	陕西	0.00	0.00
广西	14 174.26	26 024.03	甘肃	704.00	255.00
海南	3 633.00	9 753.00	青海	0.00	0.00
华南地区	817 663.64	1 747 116.56	宁夏	0.00	0.00
北京	183 137.60	601 150.17	新疆	0.00	0.00
天津	24 582.62	24 271.28	西北地区	704.00	255.00
河北	1 758.00	2 410.00	辽宁	835.41	5 225.00
山西	0.00	0.00	吉林	0.00	0.00
内蒙古	0.00	0.00	黑龙江	5 586.64	7 599.50
华北地区	209 478.22	627 831.45	东北地区	6 422.05	12 824.50
河南	54 577.41	72 545.81	全国	1 677 653.88	3 583 692.11
湖南	28 327.44	24 549.94			

注：稻谷大米数据，由海关 HS 编码商品类别中的 1006、11029021、11029029、11031931、11031939 五类产品加总构成。

2. 小麦

31 个省区市中，有 12 个省区在 2020 年 1—9 月和 2021 年 1—9 月都没有进口小麦。其余省份中，小麦进口量位列前三的省市是北京、广东、福建，小麦进口增长率位列前三的省区是四川、内蒙古、新疆。有 10 个省市的小麦进口量同比下降，其中进口量下降较快的有重庆、甘肃、黑龙江、安徽，同比降幅超过 80%。以上数据详见表 A-10。

表 A-10　小麦进口省份分布　　　　　　　　　单位：吨

地区	进口量 2020年1—9月	进口量 2021年1—9月	地区	进口量 2020年1—9月	进口量 2021年1—9月
山东	73 730.90	26 170.93	湖北	0.00	0.00
江苏	83 312.01	96 626.87	**华中地区**	**54 451.00**	**46 562.60**
安徽	3 533.50	632.88	四川	0.00	603.25
上海	992.65	539.97	贵州	0.00	0.00
浙江	0.00	0.00	云南	0.00	0.00
江西	0.00	0.00	西藏	0.00	0.00
福建	118 131.26	163 083.18	重庆	2 093.33	0.00
华东地区	**279 700.32**	**287 053.83**	**西南地区**	**2 093.33**	**603.25**
广东	281 259.03	248 416.16	陕西	0.00	0.00
广西	0.00	0.00	甘肃	3 600.00	0.00
海南	69 522.30	66 284.30	青海	0.00	0.00
华南地区	**350 781.33**	**314 700.46**	宁夏	0.00	0.00
北京	5 021 378.00	6 717 687.00	新疆	67 823.30	132 258.80
天津	35 575.00	9 445.26	**西北地区**	**71 423.30**	**132 258.80**
河北	12 576.98	14 302.29	辽宁	3 050.51	3 211.95
山西	0.00	0.00	吉林	0.00	0.00
内蒙古	0.00	484.14	黑龙江	11 365.79	1 678.76
华北地区	**5 069 529.98**	**6 741 918.69**	**东北地区**	**14 416.30**	**4 890.71**
河南	16 384.40	17 974.43	**全国**	**5 842 395.56**	**7 527 988.34**
湖南	38 066.60	28 588.17			

3. 玉米

31 个省区市中，有 11 个省区市在 2020 年 1—9 月和 2021 年 1—9 月都没有进口玉米。其余省份中，玉米进口量位列前三的省市是北京、山东、福建，玉米进口增长率较高的省市是甘肃、上海、浙江、河南、上海。有 5 个省市的玉米进口量同比下降，其中进口量下降较快的有天津、江苏，同比降幅超过 60%。以上数据详见表 A-11。

表 A-11 玉米进口省份分布　　　　　　　　　单位：吨

地区	进口量 2020年1—9月	进口量 2021年1—9月	地区	进口量 2020年1—9月	进口量 2021年1—9月
山东	1 195 320.34	2 490 438.00	湖北	0.00	0.00
江苏	73 991.00	29 360.10	华中地区	259 302.80	842 131.10
安徽	45 300.00	50 589.52	四川	0.00	0.00
上海	0.00	476.00	贵州	0.00	40 000.00
浙江	1 016.16	230 008.40	云南	21 336.26	79 562.45
江西	0.00	0.00	西藏	0.00	0.00
福建	1 207 452.00	1 083 619.50	重庆	0.00	0.00
华东地区	2 523 079.50	3 884 491.52	西南地区	21 336.26	119 562.45
广东	290 997.30	710 596.80	陕西	0.00	0.00
广西	258 913.60	1092 646.90	甘肃	0.00	101373.50
海南	19 024.00	24 490.62	青海	0.00	0.00
华南地区	568 934.90	1 827 734.32	宁夏	0.00	0.00
北京	3 122 834.44	17 590 550.00	新疆	0.00	0.00
天津	12 732.04	0.00	西北地区	0.00	101 373.50
河北	5 976.30	6 076.21	辽宁	10 624.04	64 750.54
山西	0.00	0.00	吉林	107 850.20	91 737.90
内蒙古	0.00	0.00	黑龙江	39 610.49	32 867.39
华北地区	3 141 542.78	17 596 626.21	东北地区	158 084.73	189 355.83
河南	255.68	58 593.00	全国	6 672 280.97	24 561 274.93
湖南	259 047.12	783 538.10			

4. 大豆

31 个省区市中，有 6 个省市在 2020 年 1—9 月和 2021 年 1—9 月都没有进口大豆。其余省份中，大豆进口量位列前三的省市是江苏、北京、上海，大豆进口增长率位列前三的省是江西、海南、甘肃。有 13 个省区的大豆进口量同比下降，其中进口量下降较快的有新疆、四川、河南,同比降幅超过50%。以上数据详见表A-12。

表 A-12 大豆进口省份分布　　　　　　　　单位:吨

地区	进口量 2020年1—9月	进口量 2021年1—9月	地区	进口量 2020年1—9月	进口量 2021年1—9月
山东	8 178 108.00	7 410 659.00	湖北	324 316.00	310 496.11
江苏	13 662 559.00	11 092 382.00	**华中地区**	**2 942 089.00**	**3 157 596.09**
安徽	640 911.12	518 614.90	四川	388 946.20	163 717.58
上海	8 534 072.00	9 129 086.00	贵州	0.00	0.00
浙江	1 385 981.10	1 422 961.10	云南	1 429 144.80	1 804 595.60
江西	0.00	185 919.50	西藏	0.00	0.00
福建	3 655 412.00	3 351 871.00	重庆	165 000.00	239 014.20
华东地区	**36 057 043.22**	**33 111 493.50**	**西南地区**	**1 983 091.00**	**2 207 327.38**
广东	2 824 406.40	1 890 931.40	陕西	983 778.00	786 986.40
广西	5 105 668.00	4 673 729.00	甘肃	1 299.87	4 846.83
海南	0.00	108 823.70	青海	0.00	0.00
华南地区	**7 930 074.40**	**6 673 484.10**	宁夏	0.00	0.00
北京	8 288 899.00	9 872 897.00	新疆	6 211.34	134.96
天津	5 578 080.00	6 699 182.00	**西北地区**	**991 289.21**	**791 968.19**
河北	5 577 256.00	5 942 201.00	辽宁	2 697 424.10	2 397 206.10
山西	0.00	0.00	吉林	799 340.40	685 216.98
内蒙古	0.00	0.00	黑龙江	1 752 237.90	2 448 652.00
华北地区	**19 444 235.00**	**22 514 280.00**	**东北地区**	**5 249 002.40**	**5 531 075.08**
河南	524 723.30	223 954.08	**全国**	**74 596 824.23**	**73 987 224.34**
湖南	2 093 049.70	2 623 145.90			

5. 从美国粮食进口占比

近5年来,小麦、玉米、大豆从美国进口的比重呈现"U"形,美国小麦和玉米进口在2019年降到最低点后反弹,美国大豆进口在2018年降至最低点后上升。从美国进口的高粱占比近5年波动较大,自2017年三连降后于2020年上升至88.45%,2021年前9个月占比又降至78.17%。近5年从美国进口的大麦均是种用大麦，2017年进口462公斤，2018年进口14公斤，2019年无进口记录，2020年进口1公斤，2021年前9个月无进口记录，自2017年来从美国进口的种用大麦占比是逐年下降的。以上数据详见表A-13、图A-1。

表A-13 从美国进口粮食占比

年份	小麦	玉米	大豆	高粱	大麦	种用大麦
2017年	36.20%	26.78%	34.39%	94.09%	0.00000521%	97.88%
2018年	12.56%	8.87%	18.67%	88.07%	0.00000021%	77.78%
2019年	7.37%	6.63%	19.21%	72.25%	0.00000024%	0.00%
2020年	20.26%	38.44%	25.80%	88.45%	0.00000001%	16.67%
2021年	30.52%	70.65%	29.48%	78.17%	0.00000000%	0.00%

注：2021年数据为1—9月。

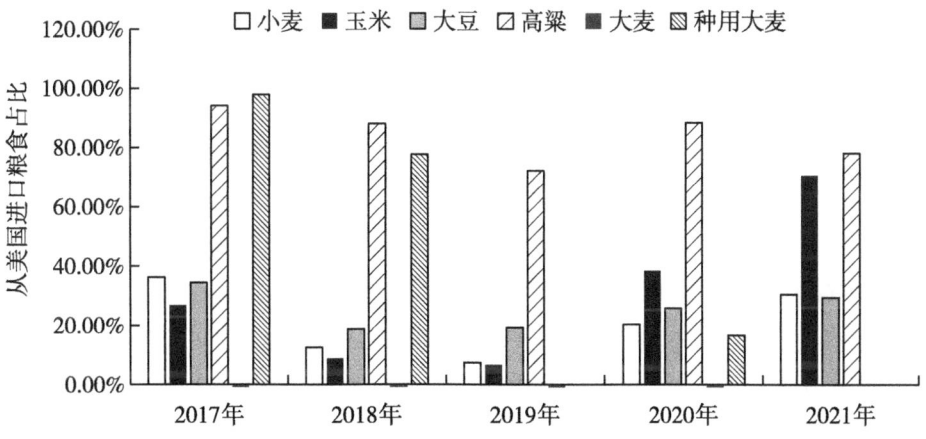

图A-1 从美国进口粮食占比

注：2021年数据为1—9月。

执笔人：普蓂喆、周　琳、钟　钰

时间：2021年11月

在牢牢端稳上持续发力

——解读2022年中央一号文件"全力抓好粮食生产和重要农产品供给"

2021年,我国粮食生产再获丰收,产量创历史新高,达到13 657亿斤,在高基数上增加了267亿斤,同比增长2%,保障国家粮食安全的基础继续向好。但从中长期看,我国粮食供求仍将处于一种紧平衡态势,粮食供需存在较为突出的结构性矛盾。"十四五"时期,随着居民收入水平提高,食物消费条件进一步改善,人口保持增长、城镇化率进一步提高,我国粮食消费需求总量仍将处于扩张阶段,尤其是饲料粮需求仍有较大增长空间,加工粮需求也保持着稳定增加趋势。根据中国农业科学院和国际食物政策研究所共同开发的CASM模型预测,到2025年,我国粮食需求总量将达到8.6亿吨,比2020年增加6%。粮食需求增长压力下,确保我国粮食生产持续稳定以及粮食生产能力稳步提高,是实现我国粮食安全目标的重要基石。2022年中央一号文件(以下简称一号文件)提出当年"三农"工作的首要任务是"全力抓好粮食生产和重要农产品供给",只有稳住国内粮食生产供给基本盘,才能"端牢中国饭碗",确保国家粮食安全。

一、文件背景

这是立足我国国民经济全面提出来的。国际经济政治形势日趋复杂、外部环境不确定性加剧，2022年我国经济发展仍将面临诸多困难和挑战。新冠肺炎疫情走势仍存在较大变数，疫情影响下全球经济、生产活动趋弱，贸易保护主义屡次抬头，国际供应链面临多风险阻点，经济生产和贸易动能减弱；全球资本市场动荡不稳，投资活动低迷萎缩，通货膨胀压力加剧，原材料大宗商品价格走高，经济形势整体低迷。多风险因素叠加下，"保安全、防风险"任务艰巨，粮食作为战略性基础物资，更是重中之重。我国作为世界人口大国，粮食需求量庞大，保障粮食安全更是确保国家安全的必然要求，是经济社会稳定发展的重要基础。因此，为应对面临的挑战，稳定宏观经济大盘，推动我国经济高质量发展，首先必须保障粮食安全，落实"全力抓好粮食生产和重要农产品供给"的重要任务。

这是立足于我国发展目标要求提出来的。2021年我国粮食生产连续18年丰收，取得突出战绩，但粮食安全保障很难说过关。2021年我国进口粮食1.6亿吨，进口量相当于国内粮食产量的24%，随着国内粮食需求持续增长，如果不能有效提高国内自给程度，粮食进口规模将进一步扩张，由此带来的粮食安全风险隐患不容忽视。现阶段，我国粮食进口格局呈现来源国和品种"双集中"的特点，对外依存度较高的大豆和进口量增长较快的玉米95%以上进口自美国、巴西、乌克兰、阿根廷四国，作物生产的自然风险、国际贸易的政策和运输风险难以被有效分散，增大了供应链中断风险。此外，大量进口的粮食品种国内外市场价格高度关联，国际市场价格波动极易传导至国内，从而引发输入性通货膨胀。尤其是玉米、大豆等用作饲料和工业原料的粮食品种，产业关联度高，国际市场价格异常波动可通过价格传导和产业链延伸至国内诸多行业。根据当前粮食进口形势及潜在风险，可见离"把饭碗牢牢端稳"还要再加劲，进一步巩固和提高国内粮食生产供给能力。

这是立足于粮食生产面临的矛盾和问题提出来的。要保持 2022 年我国粮食生产稳定发展，稳定粮食播种面积和产量，仍面临着不少困难。从源头上看，由于工业和农业的收入差距以及粮食作物和经济作物的比较效益差距，农村人口老龄化和耕地非粮化问题突出，农民粮食生产积极性不足。而农民种粮积极性与粮食播种面积和产量紧密相连，极大影响着我国粮食的稳定供给。从突发情况看，近年来我国水旱、台风等自然灾害多发频发，冷冻灾害、风雹灾害的影响逐渐扩大，异常极端天气频次增加、危害重，自然灾害和异常天气难以预料，加剧了粮食稳定供给的不确定性；从固有瓶颈看，粮食单产问题是制约粮食持续增产的主要瓶颈，由于重大技术创新突破不足，我国粮食单产增长迟滞，近五年仅增长 3.5%。

二、主要措施

要稳定种粮面积，提高耕地质量。2021 年公布第三次全国国土调查主要数据显示，我国耕地面积 19.2 亿亩，相比 10 年前的第二次全国国土调查的耕地面积，减少了 1.1 亿亩。近年来，我国城镇化率大体上每年以一个百分点的速度在增长。2020 年常住人口城镇化率达到 63.9%，距离高收入国家 80% 以上的城镇化率还有很大空间，仍处于城镇化上升阶段，保护耕地压力依然加大。因此，落实耕地保护建设硬措施，严格耕地保护责任，加强耕地用途管制，坚决制止耕地"非农化"。同时，还要防止耕地"非粮化"。由于种粮效益相对不高，甚至2016—2019年粮食亩均净利润都是负的，直到2020年亩均净利润才达到47元，稳住17.5亿亩粮食面积难度大、责任重。在粮食连续丰收的背后，是生态环境压力尚未根本缓解，一半以上耕地仍然存在着基础设施薄弱、抗灾能力不强、耕地质量不高等问题，截至2021年，全国已基本完成9亿亩高标准农田建设任务。一号文件提出"建设高标准农田1亿亩"。除了面积数量有保障，建设质量还要有保证，之前因缺乏与良种良法良机良制等措施的有效融合，已建成的一些高标准农田建设标准偏低，在建设内容、组织实施等方面要求不统一，耕地质量提升不明显，还需建立健全管护机制和提升手段。

要明确分区责任，主产区、产销区、产销平衡区共同扛起保障粮食安全重任。 从产量绝对量看，主产区占全国比重一直维持在70%左右，且比重逐渐提高，2021年主产区产量占比达到78.5%，比2003年的71%高7.5个百分点。从产量增长幅度看，2021年全国粮食总产量比2003年增加25 215.78万吨，同期主产区增产23 024.66万吨，这意味着，全国粮食增产中91.31%由主产区贡献。从全国看，13个粮食主产省份中，粮食净调出省已减少到6个，粮食生产集中度越来越高。7个粮食主销区省份和11个粮食产销平衡区省份的粮食缺口主要靠内蒙古、吉林、黑龙江、安徽、河南5个粮食净调出大省（区）补充。但是，主产区抓粮吃亏问题非常突出，不利于持续稳定生产，在财政收入层面，吉林、黑龙江、安徽、河南人均地方财政收入低于全国平均水平，更低于11个产销平衡区平均水平和7个主销区平均水平。一号文件提出，"主产区、主销区、产销平衡区都要保面积、保产量"，特别是提出"切实稳定和提高主销区粮食自给率，确保产销平衡区粮食基本自给"。总的来看，设定平衡区和主销区粮食应有的自给目标，一方面，要坚持底线思维，从有备无患、未雨绸缪角度看，通过保持基本自给实现自我保护，确保在最极端情况下，能在短时间内基本稳住最基本的粮食供应；另一方面，通过守住区域粮食安全底线，腾出粮食市场运行空间，确保市场机制正常发挥，在自给底线之上，依然依靠市场机制配置资源。

要推进国家粮食安全产业带建设。一号文件提出"推进国家粮食安全产业带建设"。粮食安全产业带不同于粮食生产核心区、粮食生产功能区、粮食生产优势区等概念，是具备种植小麦、稻谷、玉米、豆类（薯类）等目标粮食作物的比较优势，具有耕地资源条件好、基础设施完善、现代化程度高和产加销畅通的特征，能够集聚现代生产要素发展粮食生产，保障粮食产业合理经济收益和国家粮食安全底线供给的粮食产业优势区。通过粮食安全产业带建设，形成以粮食生产、加工、仓储和流通协调发展为基础，生产能力强、经济效益好、科技含量高、融合资源多的区域粮食安全产业供应链体系。2020年，课题组在安徽河南等地调研发现，不少地方三产融合模式带动产生了一批发展势头好的粮食产业集群，提高了产业竞争力，以小生产博大市场，增强县域经济实力。比如河南延津县创建全国第一家以优质小麦为主体的国家现代农业产业园，直接财政创收可达1亿多元；安徽怀远县引进五粮液、三全等知名企业，拉动家庭农场、合作社和农户共同参与构建现代产业化联合体，建立了专业分工、紧密捆绑的利益联结机制，实现从优质糯米产区到加工集群转变。"面粉之都"河南永城市，也成功打造了面粉产业集群，成为全国综合实力百强县市、全国投资潜力百强县市。这些产粮大县都是立足粮食产业集群，促进产业融合和要素聚集优化资源配置，以规模效应、集聚效应吸引资金人才技术向农村聚集，把粮食加工车间建在田野乡间，让农民成为粮食产业经济的主人，分享现代产业的增值收益。

要大力开展绿色高质高效行动。一号文件提出"大力开展绿色高质高效行动"。粮食稳产保供是底线，产量继续保持在1.3万亿斤以上，是党中央下达的政治任务，要不折不扣地完成。打赢这场硬仗不能走老路，不能以资源要素过量投入为前提，不能以牺牲破坏环境为代价。要强化科技支撑，着力攻克粮食生产"卡脖子"技术，对标优质粮食品种标准，加快良种选育，合理区域布局，在品种选育上应重视综合性状优良的种质资源和品种选育。持续增加相关专项投入，不断创新粮食作物栽培技术，支持新品种良种繁殖基地建设，确保大面积生产用种供给。注重机制创新和商业化育种体系及企业创新主体建设，针对种质资源、品种创制、良种繁育、种子加工流通等重大技术环节，对育种研发进行全产业链系统布局。一号文件提出"推进黄河流域农业深度节水控水"。黄河流域是中华文明的发源地，具有悠久的农耕历史与科学种养制度，先人探索了很多经验做法，以地养地、蓄水保墒。做好新时代旱作农业大文章，需要新理念、新装备、新技术。要加快建立西北新型旱作耕作制度，以实现粮食产需平衡为目标，以发展农业节水为中心，坚持以水定产，调减低产粮食品种种植，增加马铃薯、玉米面积，扩大优势小杂粮，提高耕作种植与降水周期匹配度。引进先进技术装备，围绕蓄住天上水、保住土壤水、用好地表水，深挖节水潜力、提高用水效率。

要力争夏粮有一个好收成。2022年粮食生产面临多年不遇的自然灾害，由于气候原因，河北、山东、河南、陕西、山西五省有1.1亿亩冬小麦推迟播种，由于越冬时间晚，小麦冬前生长时间延长，加之播量增加，小麦个体发育好于预期，但苗情偏弱形势没有得到根本性改变，苗情复杂的情况仍然存在，这5个省一二类苗比例低于上年。但墒情相对充足，9月中旬至10月上旬降水持续偏多，土壤墒情达到饱和。由于主体麦田播种偏晚，出苗时间长，冬前生长量不足，植株养分积累少，苗小根浅，抵御低温冻害能力下降，不利于安全越冬。一号文件提出"积极应对小麦晚播等不利影响"。在当前我国经济发展面临需求收缩、供给冲击、预期转弱三重压力下，如果夏粮减产，对稳物价、稳预期、稳大局非常不利。小麦冬季管理要以预防冻害为核心，切实保护小麦安全越冬。密切关注小麦苗情、墒情、病虫草害变化情况，指导农民按照"早管适促、增温保墒、促根保长"技术路线，特别是要在小麦越冬结束前，及时出台有针对性的切实可行的技术建议，为指导农户早春管理奠定基础。

要全面落实粮食安全党政同责。2021年，中央实行粮食安全党政同责。地方各级党委政府认真贯彻党中央、国务院决策部署，积极探索建立各级党委政府粮食安全责任制，坚决扛起保障粮食安全的政治责任。随着党政同责的实施，地方党委政府抓粮主动性不断提高，督促作用更明显。一号文件提出"全面落实粮食安全党政同责"。要明确界定党委和政府维护粮食安全方面的责任，党委负责把方向、管大局、保落实的领导责任，政府在党委领导下承担抓落实的具体责任，将粮食安全列入党委、政府工作的重要议事日程。建立责任清单、任务清单、问题清单和整改清单"四位一体"的清单管理制度。明确党委和政府相关成员的粮食安全责任任务。出台顶层的指导性意见和操作层面的考核办法，在保持粮食安全省长责任制考核体制机制稳定的前提下，将党委责任事项纳入考核，做到"问责有度、奖励有方"，推动党政同责有效落地，确保面积、产量不能掉下来，供给、市场不能出问题。

执笔人：陈萌山、钟　钰

时间：2022年3月

一个小举措能撬动产地粮食加工业大发展

【摘要】提高粮食产地加工能力和效益,对提升粮食产业发展水平、带动主产区经济发展有重要意义。调研发现,很多主产区粮食加工企业用电是工业价,电费比农用电高至少 20 元/吨,占加工成本比重较大。如按农用电计价,每斤粮食加工成本可降低 1 分钱,帮助企业增加利润 10%,有助于撬动产地加工发展,进而推动粮食主产区县域经济发展,促进以工补农、以城带乡,减少原粮运输损耗带来的资源环境压力。建议聚焦稻谷、小麦和马铃薯,聚焦主产区,聚焦口粮食用加工,聚焦县域内有一定带动效应的粮食加工企业,逐步把粮食加工电价调整为农业电价,激发企业内在活力和发展动力,把主产区"产地优势"转化为"产业优势",打造国家粮食安全产业带桥头堡。

粮食是我国最重要的农产品,规模体量大、涉及农户多,把粮食附加值更多地留在主产地,是提升粮食产业竞争力、促进粮食产业高质量发展、保障国家粮食安全的重要途径。但经课题组调研了解到,很多主产区粮食加工企业用电是工业价,用电价格高,加重"稻强米弱、麦强面弱"困境,导致产地加工增值增效不明显、对地方经济带动不强,不利于主产区把粮食生产优势转化成产业优势，粮食加工企业普遍希望落实农业用电政策。2019年调研的福娃集团监利福娃食品有限公司负责人表示，中等规模米厂一年利润也就300万~500万元，改为农业用电后，一年可以减少电费30多万元；常规型的一般米厂也能减少电费10多万元。2020年调研的河南利生面业有限公司反映，只有大客户有电价折扣，工业用电均价为0.8元/度，加工1吨小麦用电60度，如果转化为0.48元/度的农业用电，每吨小麦加工能节省电费20元。蚌埠市兄弟粮油食品科技有限公司也表示，在工业园区用电费用是0.9~1元/度，园区外更贵，企业不得不晚上11点以后用0.7元/度的电，但夜班人工成本更高。2021年调研的辽宁营口渤海米业有限公司负责人杨洪顺表示，他们企业加工1吨大米成本100~150元，其中耗电100度、电费55~60元，改为农业用电后，用电成本减少20元。可见，**如对主产区粮食加工业企业用电按农用电计价，每斤粮食加工成本可降低1分钱，这个小小的举措，就可帮助企业增加10%的利润**。当前，我国粮食加工业产值与粮食总产值之比不到2∶1，低于农产品加工业与农业总产值比2.3∶1的整体水平。这个差距正是我国粮食加工业的潜力所在，更是粮食产业经济对地方发展贡献的破题之举。

一、政策必要性

一是带动粮食主产区县域经济发展，调动地方抓粮积极性。主产区大力发展粮食生产，也承受较大的机会成本。推动粮食加工产业，有利于搭建粮食安全与县域经济贯通的桥梁。曾经的国家级贫困县河南商水县领导说，看到省内唯一的大规模砂姜黑土地被征收发展离农产业，会感到深深的历史负罪感，他更加坚定信念要打好粮食优势名片。吉林扶余市领导说，当地拥有得天独厚的农业生产条件，为了 GDP 在黑土地上搞工业开发得不偿失。主产区要充分利用好本地资源，从粮食产区向粮食产业区转变，不仅有效深挖农业资源价值，而且有助于提振县域经济，进一步强化地方政府抓粮动力。

二是促进以工补农、以城带乡，缩小城乡差距。在主产区延伸粮食产业链条，培育加工产业，建设粮食产业集聚区。以粮食加工业带动地方经济，引导资本投向产业建设，推动基础设施、公共服务向乡村延伸。全国小麦第一大县河南滑县，人均财政收入仅有 1 000 多元，搞基础设施建设心有余而力不足，县领导希望能支持发展粮就地加工业，带动公共设施投入。主导产业和配套服务业协同发力，可以就地解决农民非农就业，引导农村人口有序流动，增加农民非农收入。以此形成城乡互动、良性循环的发展机制，带动农业农村现代化和农民就地就近城镇化。

三是减少原粮运输损耗带来的资源环境压力。我国粮食供需存在明显区域差异，已形成北粮南运、东西互运的密集流通网络，全国每年粮食物流总量达 4.8 亿吨，跨省长距离物流量高达 2.3 亿吨。但运输方式和设施落后，"四散化"比例低于 10%，在粮食物流发达的东北也只有 30%，进库转运频繁拆装包，损失率超过 5%。原粮运输损耗背后，都是宝贵的水土资源。就地发展粮食加工，可以减少原粮长距离运输带来的数量损失、质量损失、营养损失，减少碳排放。

四是实实在在的惠民之举、暖心之举。我国粮食很少用于出口，基本留在国内消费，依靠国内企业加工。当前经济形势下，大米、面粉等主食价格疲软，粮食加工企业经营比较困难。对薄利多销的粮食加工行业而言，享受农业用电待遇，每斤减少 1 分钱加工成本，能给企业带来实实在在的优惠。

二、具体方案

为此,建议把粮食加工电价调整为农业电价,分品种、分用途、分区域、分对象,重点先行、梯次推进,逐步降低粮食加工企业成本,让粮食加工企业"轻装上阵",增强企业内在活力,把"产地优势"转化为"产业优势",把主产区打造成为国家粮食安全产业带的桥头堡。

分品种调整加工用电价格,聚焦稻谷、小麦和马铃薯。 稻谷和小麦是我国传统口粮,国家粮食安全战略中绝对自给的约束性指标,关系着最基本的饭碗问题,是危机情境下食物供应的必保内容。马铃薯含水量高达80%,远距离大规模运输的主要是水分,运输效率低,且损耗高达5%。尤其在全国已经脱贫的592个扶贫重点县中,70%的县是马铃薯主产县,马铃薯是防止返贫的重要农产品。支持三类粮食加工用电,可缓解原粮加工成本上行、利润不断压缩的难题,降低加工成本。稻麦加工从工业用电转化为农业用电,能为企业降低成本20元/吨,以稻麦合计产量3.5亿吨计,可降低70亿元成本。全国马铃薯鲜薯产量1亿吨,其中用于加工的占10%,按照1吨淀粉成品200度电计,可为全国马铃薯加工降低8 000万元成本。通过支持粮食加工发展,以企业辐射带动粮食生产,进而稳定收益。

分区域调整加工用电价格,聚焦粮食主产区加工产业。 通过划分支持区域,有针对性地支持粮食主产区,促进主产区将生产优势转化为产业优势,提升产业竞争力。东北三省(黑龙江、吉林、辽宁)、长江中下游六省(江苏、安徽、江西、湖北、湖南和四川)大米加工产能合计占比八成,黄淮海六省(山东、河南、河北、江苏、安徽、湖北)小麦产能占比八成。马铃薯的6个主产省区（内蒙古、甘肃、重庆、四川、贵州、云南）产量占全国的65%。如果将上述主产区加工用电转为农业用电，将使主产区稻麦加工降低成本56亿元、马铃薯淀粉加工降低成本5200万元。通过发展原粮加工，将粮食加工增值收益留在产区、留给种粮农民，提振粮食主产区县域经济。

分用途调整加工用电价格，聚焦两大口粮食用加工。口粮食用部分消费直接关乎人民生存和健康，涉及最基本的民生保障。稻谷和小麦中口粮用途消费占总消费的80%以上。稳住了稻麦中口粮用途消费部分，就在很大程度上保住了居民的直接消费安全。按80%的比重估算，稻麦口粮部分的加工可为主产区降低44.8亿元成本。对这部分粮食加工进行用电支持，可以有效缓解"稻强米弱、麦强面弱"困境，稳住关键的粮食加工产能，确保供应稳定。

分对象调整加工用电价格，聚焦县域内、有一定带动效应的粮食加工企业。以打造粮食产业集群、粮食产业强镇为契机，支持生在农村、长在县域的粮食加工企业。发展壮大县域粮食产业，促进资源要素向县域聚集，激活一方经济。扩展粮食产业链条，提升价值链、重组供应链、完善利益链，让种粮农民分享增值收益，带富一方百姓。

2021年国家电网全年营收2.67万亿元，如在稻麦主产区和主要马铃薯产区实施粮食加工用电"工"改"农"，降低用电费用45.3亿元，仅占全年营收的0.17%，不会对电网正常经营造成明显影响。对粮食加工用电给予优惠，也体现了企业爱粮、护粮、保粮的社会责任。同时，建议国资委把央企主动承担乡村振兴战略责任、支援乡村振兴发展作为年度考核的重要内容。

执笔人：普蓂喆、钟　钰、陈萌山
时间：2022年3月

俄乌冲突对世界粮食安全的影响及对策

新冠肺炎疫情对全球粮食安全冲击的余波尚未散去，俄乌冲突又给艰难复苏的全球粮食供给体系投下巨大阴影。**俄罗斯是全球第一大小麦出口国、最大的化肥生产和输出国，乌克兰是全球第五大小麦出口国和最大的葵花籽油出口国，全世界30%的小麦、20%的玉米、80%的葵花籽油来自俄乌两国。俄乌冲突破坏了全球粮食市场稳定，正在加速颠覆现有粮食贸易格局。**俄乌冲突不确定性，带来全球供应链调整，俄罗斯将在贸易上更多地转向我国，与俄开展粮食贸易面临新的机遇。从战略上，要提前谋划，抓紧布局，推动与俄罗斯农业的深度合作，把俄罗斯发展成为重要战略贸易伙伴与粮食供应基地。

一、对当前世界和我国粮食市场的直接影响

当前，俄乌冲突升级危险远大于缓和前景。乌克兰农业生产以及两大粮仓国家的出口被迫中断，在国际粮价、农资价格高位运行情况下，全球粮食不安全状况加剧。

（一）乌克兰粮食生产遭受波折

2020年，乌克兰生产了0.64亿吨占全球1.75%的谷物。其中玉米、小麦产量分别占全球的2.78%、2.13%。葵花籽产量占全球24.92%。由于2022年乌克兰春季比较寒冷，最佳播种期推迟至4—5月，但目前两国冲突程度和持续时间未知，乌克兰很难顺利完成春耕，秋粮减量是大概率事件。乌克兰农业部预测，春耕播种面积将减少一半以上，降至约700万公顷，粮食减量的长尾效应将延续到下一年度。除了秋粮，夏粮减产已基本成定局，2021年底播种冬小麦650万公顷，预期能顺利收获的只有400万公顷。同时，因肥料、燃料和除虫剂等物资短缺，乌克兰2022年小麦产量将大幅减少。为保护本国需求，乌克兰已对小麦、玉米、葵花籽油等农产品实施出口管制，减产和出口管制都加剧了全球粮食供应短缺程度。与此同时，南美洲粮食已预期减产。2022年，化肥第一出口大国俄罗斯禁止向"不友好"国家出口化肥，这一措施让粮食生产雪上加霜，**全球40%的化肥产品来自俄罗斯，如果农资产品供应中断，世界粮食供给将明显减少**。

（二）供应链受阻拖累粮食贸易

地缘政治冲突制约粮食产量和全球贸易，俄乌6 000万吨小麦、3 000万吨玉米、1 000万吨大麦不能正常出口，导致粮食短缺、粮价上涨、供应链断裂形势严峻。当前全球农业供应链条断裂环节集中在化肥、粮食，拥堵环节在海运航道，升级环节在俄乌。从粮食需求层面看，其他一些国家的粮食保卫战或将使问题更为复杂。**为确保优先满足国内需求，近期多国密集发布粮食出口限制新规**。塞尔维亚禁止出口小麦、玉米、面粉和食用油；匈牙利禁止出口所有谷物；摩尔多瓦暂停出口小麦、玉米；阿根廷叫停出口豆粕和豆油（阿根廷每年出口3 000万吨豆粕）。保加利亚宣布增加粮食储备，并限制出口，直到完成计划采购，这样会影响全球粮食供应结构，加剧贫困国家粮食短缺的紧张局面。

（三）全球粮食价格进一步飙升

俄罗斯和乌克兰两国既是粮食生产大国，又是粮食出口大国，俄乌冲突降低了全球粮食可贸易量。 2021年，俄罗斯小麦出口量占全球20%，乌克兰小麦和玉米出口量占全球11.6%和16.4%。美国、英国、澳大利亚、日本等国对俄罗斯实施制裁，其多条贸易通道被阻断，两国粮食供给锐减直接导致粮食价格飙升。俄乌冲突后，芝加哥期货交易所小麦期货价格涨幅一度超过70%，创2008年3月以来新高，玉米和大豆期货价格分别上涨约30%和超25%，分别为2013年和2012年以来的最高价位。

俄乌冲突引发世界粮食供给不足恐慌，加上对南美粮食减产的预判，2022年注定是粮价高位运行的一年。分属美国和法国的国际四大粮商将成为最大的受益者，嘉吉2021财年净利润达到将近50亿美元，创下该公司156年来最高纪录。面对当前全球不断飙升的粮价，不排除出现国际粮价轮番炒作，加剧全球粮食危机。

（四）我国2022年自乌克兰进口粮食将大幅下降

乌克兰是我国谷物、油脂和油粕的主要进口来源国。2017—2021年，我国自乌克兰农产品进口快速增长，进口额从11.3亿美元增至52.4亿美元，年均增长率达46.7%。目前，乌克兰是我国第十大农产品进口来源国，主要自其进口玉米、大麦和葵花籽油粕。我国自乌克兰谷物进口从267万吨增至1 145万吨，占谷物进口总量的比重从10.4%增至17.5%；玉米从182万吨增至823万吨。我国自乌克兰油料产品进口以葵花籽油和葵花籽粕为主。

2017—2021年，葵花籽油进口从58万吨增至89万吨，占葵花籽油进口总量的比重保持在70%左右。我国从2018年开始自乌克兰进口葵花籽粕，进口量38万吨，2021年增至201万吨，占比从97.5%降至88.3%。据海关统计，2022年1—2月，我国自乌克兰进口谷物8.5亿美元。2022年3月9日，乌克兰发布了一项紧急命令，禁止出口谷物和其他产品，包括小麦、燕麦、小米、荞麦、糖、盐和肉类等，直接影响我国从乌克兰农产品进口，预计全年自乌克兰进口谷物和农产品将大幅下降。

二、对世界和我国粮食深度影响与趋势分析

俄乌冲突将激化粮食供求矛盾，推高农业生产成本，改变全球粮食贸易格局，波及经济增长预期，诱发全球性滞胀。

（一）传统能源价格上涨挤占全球粮食供给

俄乌冲突导致能源价格上涨，有可能引发以粮食为原料的新一轮生物燃料价格大涨。俄罗斯是最大产油国之一，2021年12月，俄罗斯原油产量1 119万桶/日，仅次于美国的1 158万桶/日。俄罗斯石油出口量居世界第二位，2020年俄罗斯石油出口726亿美元，占全球11%。同时，俄罗斯是欧洲最大的天然气供应国，销售到欧洲的天然气占其进口的近一半。俄乌冲突后，俄罗斯的石油、天然气等能源出口受限，导致全球能源价格飙升。近期国际原油市场上表现抢眼，伦敦布伦特原油期货价格在2022年2月24日盘中突破每桶100美元，这是7年多以来该指标首次破百。能源价格上涨后，国际市场将增加以粮食为原料的生物燃料需求，大量挤占食用粮食，加剧粮食供求紧张，推动粮食价格进一步上

扬。据芝加哥期货交易所数据，2022年2月以来，小麦期货价格一路走高，尤其是2月24日，俄罗斯总统普京决定在顿巴斯地区进行特别军事行动后，小麦期货价格从2月25日310.8美元/吨上涨到3月8日481.8美元/吨，涨幅高达55%。

（二）油价等能源上涨大幅推高农业生产成本

俄乌冲突下短时间内国际原油价格大涨，按照现行成品油价格形成机制，自2022年3月18日，国内汽油、柴油价格每吨分别提高750元和720元，这是2021年年底以来我国连续第六次上调汽油、柴油价格，也是近期调整幅度最大的一次，涨幅分别达到5%、6.3%。油价上涨直接引致农机作业成本增加。近年来农业作业对农机依赖性进一步提高，**据农户反馈，农机作业每亩耗柴油1.7升左右，油价上涨后，每亩柴油成本将增加1.02元，这在一定程度上增加农机作业成本**，特别是长距离跨区作业影响较大。

俄罗斯是化肥生产国和供应国，其氮肥、磷肥、钾肥出口量均居于世界前列。2021年俄罗斯钾肥出口1 190万吨，同比增长24.2%。在氮肥方面，2021年俄罗斯无机氮肥出口1 446万吨，同比增长5.3%。同时，俄罗斯天然气是欧洲部分尿素厂主要原料来源。在磷肥方面，2020年俄罗斯磷矿产量位列全球第四，也是全球第三大磷肥出口国。2022年3月俄乌冲突爆发后，化肥价格进一步上涨，3月14日达5 083元/吨，比2月初上涨18.2%。英国著名咨询公司CRU计算的化肥价格指数3月17日达到377，与俄罗斯开始进攻乌克兰的2月24日相比上涨33%，超过了2008年8月创出的最高点。化肥市场价格不断上涨，必将增加粮农投入预期和生产成本。

(三) 俄乌粮食供给受限将改变粮食贸易格局

俄乌两个世界粮仓碰撞不仅造成粮食价格大幅波动，还影响到世界粮食贸易格局变化。俄乌两国粮食主要港口分布在黑海和亚速海，即便俄乌不颁布出口禁令，出口也十分困难，俄罗斯拥有黑海海域绝对控制权，不会允许乌克兰粮食顺利出海。但战火不息也让俄罗斯粮食出海受阻，战争爆发后黑海港口物流中断。在美欧制裁下，马士基等世界三大航运公司已暂停俄罗斯海运业务。之前一些依赖俄乌两国粮食供给的国家，不得不另寻求其他美国、加拿大、阿根廷、澳大利亚等国粮源，而这将使全球粮食供需贸易格局发生转变。

我国从俄乌两国进口粮食很大一部分依靠中欧班列运输，目前途经乌克兰的中欧班列全部暂停。欧洲大型货运代理公司德迅国际表示，已不接收从中国发到欧洲的铁路货物。中欧班列俄罗斯段的主体运营公司以俄铁为主，下一步有可能受制裁而停运。如果欧盟关闭过境口岸，拒绝接受来自俄的中欧班列，将会严重影响中欧之间的正常贸易，我们不得不考虑寻找其他线路替代或者强化海运，这将加剧全球供应链混乱。

三、对策建议

习近平总书记指出，**粮食安全是战略问题**。在参加2022年全国政协农业、社会保障和社会福利界联组会时，总书记再次强调，"**粮食安全是'国之大者'。悠悠万事，吃饭为大。民以食为天**"。我们要按照习近平总书记的要求，立足国内，着眼全球，未雨绸缪，始终绷紧粮食安全这根弦。进入21世纪以来，国际地缘政治和社会突发事件风险不断加剧，粮食虽然不都是直接诱因，但总是首先受到冲击。这次俄乌冲突，对世界粮食安全影响的深度和广度还未完全显现，从趋势看可能是21世纪以来最严重的挑战。我们要进一步强化和完善国家粮食安全监测预警机制，对各种来自国际国内的突发事件作出科学判断，提出有效对策。当前，要切实按照中央的统一部署安排，全面地应对俄乌冲突对我国粮食安全带来的影响。按照抓好当前、着眼长远的基本思路，提出如下建议。

（一）进一步提高端稳中国饭碗的认识

当前全球疫情继续蔓延，世界经济衰退，保护主义抬头，俄乌冲突不断升级，逆全球化愈演愈烈，粮食供应链紧缩、世界粮食贸易萎缩不可逆，外部格局发生深刻调整，国际大循环动能明显减弱。美国等西方国家把应对中国崛起威胁当成首要任务，不会因俄乌冲突而缓解对中国的围堵，不排除对中国使用粮食武器。美国历来善用粮食推行霸权行为，应用起来得心应手，常以粮食禁运、粮食援助手段使他国在政治、外交和经贸上让步屈服。20世纪50年代，美国为维护国家战略利益，9次发起粮食禁运。历史上几次国际粮食危机警示我们要防范有钱买不到粮食。面对新形势，必须端稳饭碗，粮食生产要始终立足国内，确保任何情况、任何时候都能吃饱饭和粮食自主。对待粮食安全切忌口头上重视、汇报稿中展示、实际行动消逝，特别是沿海地区要扭转"让别人种粮，自己种工厂"的做法，承担起应有的粮食安全责任。

（二）提高落实党政同责的内生动力

各地要从世情国情粮情出发，准确把握"国之大者""头等大事"的深刻内涵和实践要求，增强思想自觉、政治自觉、行动自觉。国家在考核主产区、平衡区和销区中的产粮大县时，把粮食放在更加重要的地位。在粮食安全党政同责框架下，赋予粮食产业发展更多的考核权重。同时，要严格落实国家下发的《关于调整完善土地出让收入使用范围优先支持乡村振兴的意见》，并将具体要求纳入粮食安全考核，分年度稳步提高土地出让收入用于农业农村的比例，到"十四五"末，土地出让收益用于农业农村的比例要达到50%以上，让土地财政这块大蛋糕真正反哺农村、支持粮食发展。多措并举激发地方政府落实党政同责的内生动力，啃下2022年粮食生产的硬骨头。要进一步加强农情调度，密切监测粮情，强化基层指导，把各种政策措施在农户和田间落得更实、更有力，努力争取2022年夏粮不减产。要根据2022年气候年景偏差的实际，牢固树立抗灾夺丰收的决心，用好专项补贴等政策工具，确保春播粮食面积保持稳定，务必落实关键技术措施、抓好防灾减损，千方百计保障1.3万亿斤以上目标顺利实现。

（三）加强对粮食加工业精准调控

发展生物燃料乙醇与保障国家粮食安全冲突不可回避。据专家测算，**当石油价格超过80美元/桶时，以粮食作物为基料的乙醇工业生产原材料的需求将迅速膨胀**。2008年国际金融危机发生后，世界石油价格一度达到147美元/桶，美国大量利用玉米等粮食生产生物燃料乙醇，迅速拉高了粮食需求规模，助推粮食价格飙升。与此同时，我国当时也上马了一批粮食生化加工企业，造成了粮食供求关系迅速逆转，随着石油价格下跌，这批以玉米为原料的乙醇加工企业陷入严重的经营困境，靠国家补贴也难以生存。在当前石油等能源价格不断攀升的情况下，要防止出现粮食转化生化能源扩张，严格限制玉米等粮食用于燃料乙醇的新增产能，对此国家有关部门要加强调控和引导。

(四) 加快建立种粮不吃亏的保障机制

2022年,俄乌冲突带来了复杂严峻的国际形势,使粮食生产面临多重挑战,种粮成本上升、效益不高的矛盾将更加突出。最近,国家出台应对农资上涨的一次性种粮农民补贴政策,应抓紧落实,但也要看到这是短期的、应急性的举措。**为有效应对面临的各种挑战,在切实抓好2022年一号文件落实的基础上,要加快研究建立让种粮大县财政上不吃亏的保障机制。**加大财政转移支付力度,统筹建立粮食专项发展补偿体系,将现在对粮食加工企业的免(减)税优惠额度作为中央对地方税收定量返还的核算依据。进一步加大中央财政对粮食主产县市的专项转移支付力度,增强产区财政能力和调配余地。研究建立让种粮农民经济上不吃亏的保障机制,落实"夯实一个基础,增加两种支持,完善三项补贴"。一个基础是加大高标准农田建设力度,提高建设标准,提升防灾抗灾减灾能力,为种粮农户降成本、抗风险。两种支持是完善农业技术推广服务体系,为种粮农户提供科技支持;创新农机服务模式,为种粮农户提供装备支持。三项补贴是构筑农业补贴、信贷政策、保险政策"三位一体"的联动支持体系,为种粮农户构建收入保障网。

(五) 重视"一带一路"农业投资合作

把粮食纳入"一带一路"合作的重要内容,开展贸易生产合作,**支持企业到"一带一路"区域投资,共同开发当地资源,从源头上增加世界粮食供给,增强我国对粮源的控制力。与俄携手开发远东地区,实现资源贸易互补。**长期以来,基础设施薄弱一直是困扰俄罗斯远东地区发展的重要因素,可借机与俄共同开发拓展符拉迪沃斯托克(海参崴)港口贸易,进一步激活东北亚贸

易圈活力。发挥中国影响力，引领东北亚的制度化建设，探索新的可行的区域经贸安全方式。在区域全面经济伙伴关系协定（RECP）框架下，加快推进与东南亚在粮食领域的合作，拓宽水稻、小麦进口渠道。买得到不等于用得到，目前生产安全与供给安全越来越偏离，所以生产安全与供应链安全同等重要，要强化粮食供应链建设，推进中国与中美洲国家港口、运河建设，持续增强国际粮食供应链管理能力，确保进口粮食买得到、运得回。

执笔人：崔奇峰、甘林针、钟　钰
课题指导：陈萌山
时间：2022年3月

中国农业科学院"中国粮食发展研究"课题组简介

2018年5月,在时任中国农业科学院党组书记陈萌山同志倡导下,中国农业科学院组建了由不同领域、不同单位的专家、青年骨干构成的"中国粮食发展研究"课题组,成员包括陈萌山、袁龙江、李思经、钟钰、胡向东、姜文来、王国刚、张宁宁、崔奇峰、王秀丽、普蕙喆、张琳、秦朗等同志,首席专家为钟钰同志。同时,形成了与省农科院、农业大学密切合作机制。几年来,课题组的科研工作,得到院党组的高度重视,得到院机关的大力支持。在中国农业科学院农业经济与发展研究所的直接推动下,课题组围绕国家重大需求,以农村基层调研为基础,通过协同攻关协作,形成并不断扩大以粮食大户、家庭农场、涉农企业、县乡村有关干部等为主体的基层联系网络,开展粮食发展战略研究,为党中央提供决策支撑,为农业农村部和有关政府部门提供政策服务。同时,也有效促进了新时期我国粮食发展的理论探索和实践创新。

课题组成立以来,成功申请获批国家社会科学基金重大项目"耕地-技术-政策融合视角的'两藏'战略研究",这是中国农业科学院建院以来的第四个国家社会科学基金重大项目。此外,课题组还获得国家自然科学基金青年项目3个,国家社科基金一般项目2个,中央农办、农业农村部软科学课题3个。发表高质量学术文章 50 余篇，特别是 2020 年的论文 *Rising concerns over agricultural production as COVID-19 spreads: Lessons from China*，在 Web of Science JCR 排名前 5% 的期刊 *Global Food Security* 发表（期刊影响因子 7.77），成为 ESI 高被引论文和热点论文。同时，研究成果"新形势下的粮食安全问题研究"荣获 2019 年度中央农办、农业农村部乡村振兴软科学研究优秀成果奖，《粮食"不愁吃"的保障机制存在明显短板》荣获国务院参事室举办的第四届"费孝通田野调查奖"优秀奖，《经济发达主销省实现口粮自给有基础、需加力——基于闽粤两省 5 个县（市）的调研》荣获国务院参事室举办的第五届"费孝通田野调查奖"优秀奖。一批博士生、硕士生参加了课题组的基层调研和重大课题研究，有效激发了他们的"三农"情怀，提升了他们的科学素养。课题组先后邀请了 20 多个省级农科院和农业院校的粮食研究骨干人员参加调研，有效促进了他们研究工作的深化。